U0815492

新工科建设·电子信息类系列教材

单片机实战教程

——基于 CT107D 开发平台

张宝译　牛　奔　主　编
徐连诚　翟临博　武海波　副主编

電子工業出版社
Publishing House of Electronics Industry
北京·BEIJING

内容简介

本书以IAP15F2K61S2单片机为例，讲解51单片机高级语言Keil C51的程序设计方法，结合实际项目，介绍I/O控制及识别、中断应用、定时器应用、串行口通信应用、温度传感器读取，以及实时时钟芯片、A/D转换模块及超声波模块的使用。

本书内容全面，讲解由浅入深、实例丰富、逻辑清晰、可读性好、实用性强。本书采用项目驱动方式，能加强读者对所学知识的理解，强化其自身分析问题、解决问题的能力。

本书适合51单片机初学者，可以作为电子信息类专业单片机类实践课程的教材。

图书在版编目（CIP）数据

单片机实战教程 ：基于CT107D开发平台 / 张宝译，牛奔主编. -- 北京 ：电子工业出版社，2025. 1（2026. 1重印）

ISBN 978-7-121-49626-4

Ⅰ. TP368.1

中国国家版本馆CIP数据核字第2025VP9111号

责任编辑：杜　军
印　　刷：河北虎彩印刷有限公司
装　　订：河北虎彩印刷有限公司
出版发行：电子工业出版社
　　　　　北京市海淀区万寿路173信箱　　邮编：100036
开　　本：787×1092　1/16　印张：12.5　字数：336千字
版　　次：2025年1月第1版
印　　次：2026年1月第2次印刷
定　　价：42.00元

凡所购买电子工业出版社图书有缺损问题，请向购买书店调换。若书店售缺，请与本社发行部联系，联系及邮购电话：（010）88254888，88258888。

质量投诉请发邮件至zlts@phei.com.cn，盗版侵权举报请发邮件至dbqq@phei.com.cn。

本书咨询联系方式：dujun@phei.com.cn。

前 言

STC15 系列单片机是采用流水线设计的高性能 51 兼容单片机，相比于标准 51 单片机，其运行速度提高了 8～12 倍，增加了多个外围接口设备。IAP15F2K61S2 单片机具有应用编程功能，基于该芯片的 CT107D 开发平台就是 STC15 系列单片机的在线仿真器，可以很方便地构建功能强大、价格低廉、便携可靠的硬件开发平台。

全书共 18 章。第 1、2 章介绍单片机的入门知识及实战开发环境与工具，如果读者已有相关基础，则可以略过。第 3～11 章为基本模块的讲解与应用，分别是 LED 控制、蜂鸣器与继电器控制、数码管显示、独立按键程序设计、矩阵按键程序设计、中断处理程序设计、定时器程序设计、PWM 信号应用和串行口通信应用，是基础内容。第 12～17 章为不同外部模块的应用，分别是 DS18B20 温度传感器应用、DS1302 实时时钟应用、NE555 定时器应用、PCF8591-A/D 转换应用、存储芯片 AT24C02 应用和超声波模块应用，读者可以按需学习这部分内容。第 18 章介绍一个综合性较强的应用项目，着重训练读者的综合应用能力。

本书以 IAP15F2K61S2 单片机为代表，讲解 STC15 系列单片机的功能特点，阐述单片机高级语言 Keil C51 的程序设计方法，通过实际项目提升读者的知识水平和实践能力。读者只有通过大量项目的学习与实践，才能掌握此类应用系统的开发要领。

本书由张宝译、牛奔任主编，徐连诚、翟临博、武海波任副主编。其中，张宝译编写第 1、8、9、12～18 章，牛奔编写第 2～4 章，徐连诚编写第 5～7 章，翟临博编写第 10、11 章，武海波整理各章项目代码。张宝译、牛奔负责全书的统稿工作。

本书注重学生实践能力的培养，对单片机课程来说，实践能力是衡量学生是否真正达到和满足社会用人需求的重要指标。学生不但要对基础知识有深刻的认识，还要具备相应的实践能力，学以致用。

编者力求将实践与理论相结合，编写一本容易被学生接受的教材，但由于编者水平有限，加之当今单片机技术发展日新月异，书中难免存在疏漏和不当之处，敬请各位读者批评指正。

编 者

目　录

第 1 章　单片机入门知识

1.1　单片机基础知识

单片机是单片微型计算机的简称，是一种超大规模集成电路芯片，典型的有常见的 8051 单片机，属于 MCS-51 单芯片系统的一种，是由英特尔（Intel）公司于 1981 年开发出来的。之后，英特尔公司将 MCS-51 的核心技术授权给了很多公司，因此有很多公司都在设计以 8051 为核心的单片机系统，如 Atmel 公司、飞利浦和 STC 公司（宏晶科技）等。

随着半导体技术的不断发展，相继出现了 16 位、32 位单片机系统，特别是 ARM 公司相继推出了更高性能的单片机系统，成为单片系统应用的一个热点领域。与之对应，传统领域的 8051 单片机的性能也得到了很大的提升，与 20 世纪 80 年代的产品相比，其处理能力提高了几十倍，仍然有非常广阔的市场。

从字面上来说，在单片机一词中，“单片”指的是一块芯片，“机”指的是小型计算机系统。小型计算机系统的功能部件主要包括中央处理单元（CPU）、程序存储器（ROM）、随机访问存储器（RAM）、中断系统、定时器/计数器、外部设备接口模块，以及连接各功能部件的总线。图 1-1 所示为典型 8051 单片机的内部结构。

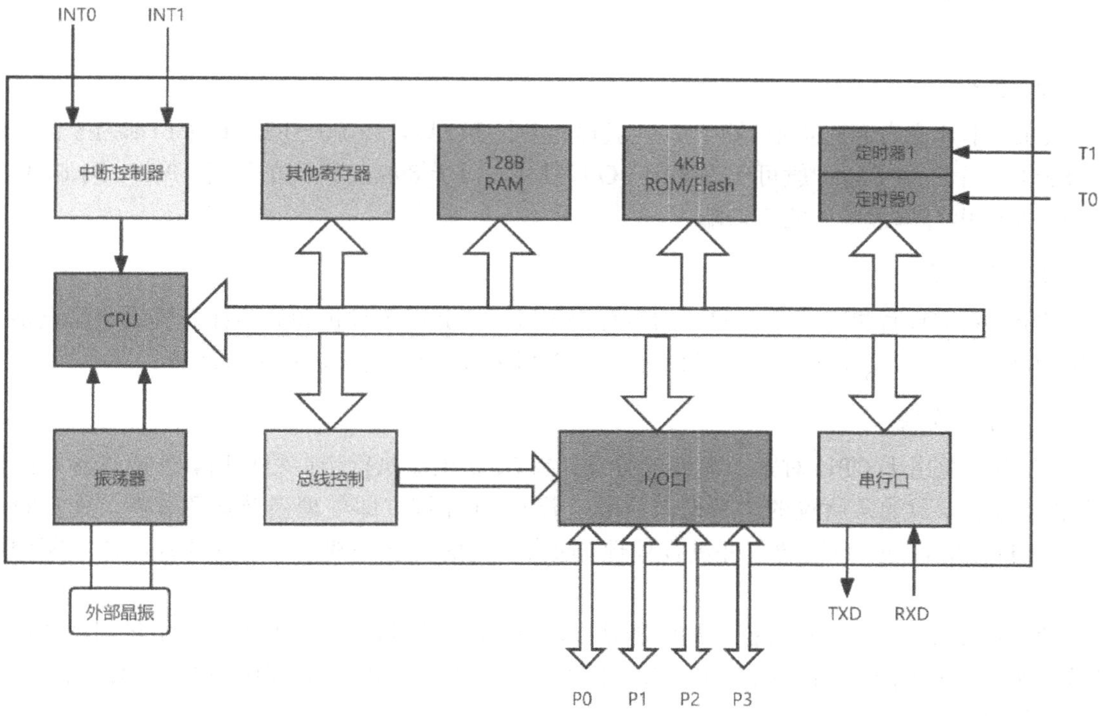

图 1-1　典型 8051 单片机的内部结构

8051 单片机是在一块芯片上集成了 CPU、RAM、ROM、I/O 口、中断系统、系统总线等微型计算机基本部件的 8 位单片机。

1. CPU

8051 单片机中有一个 8 位 CPU，是单片机的核心，由运算器和控制器构成。其中，运算器包括算术逻辑单元（ALU）、累加器（ACC）、寄存器 B、程序状态字（PSW）、十进制调整电路等部件，实现数据的算术逻辑运算、位变量处理和数据传送等；控制器包括定时控制逻辑、指令寄存器、指令译码器、程序计数器、堆栈指针、数据指针寄存器及信息传送控制等部件，其主要功能是对指令码进行译码，在时钟信号的作用下，使单片机内、外电路能够按一定的时序协调有序地工作，执行译码后的指令。

2. RAM

8051 系列单片机内部有 128B 大小的 RAM，用来存放程序在运行期间的工作变量、运算的中间结果、数据暂存和缓冲、标志等。

3. ROM

8051 系列单片机内有 4KB 的掩膜 ROM，89S52 为 ISP（In System Program，在系统可编程）的免插拔电气可编程的 8KB Flash 存储器，用来存放程序、原始数据或表格。如果片内 ROM 容量不够，则需要扩展片外 ROM。片外 ROM 最多可扩展至 64KB。

4. 定时器/计数器

8051 系列单片机内部有两个 16 位定时器 T0 和 T1，其有 4 种工作方式。89S52 不仅有定时器 T0 和 T1，还有定时器 T2、看门狗定时器。通过编程 T0、T1，还可以将其用作 13 位或 8 位定时器。

5. 并行口

8051 单片机内部有 4 个 I/O 口，一般称为并行 I/O 口，即 P0～P3，每个口都为 8 位。对于 8051 单片机，P1 口一般可作为通用 I/O 口使用；对于 89Sxx 系列单片机，P1.5、P1.6、P1.7 还是 Flash 串行编程操作的接口端。

6. 串行口

8051 系列单片机有一个全双工的串行 I/O 口，以完成单片机和其他计算机或通信设备之间的串行数据通信，单片机只用 P3 口的 RXD 和 TXD 两个引脚进行串行通信。

7. 中断系统

中断系统用于 CPU 对紧急事件的处理。当 CPU 正在执行当前程序时，外部设备发出紧急事件请求，即通常所说的中断请求信号，若 CPU 允许立即处理当前紧急事件，则打断当前正在执行的程序，对紧急事件进行处理。通常所说的用于处理紧急事件的程序即中断处理程序。

8051 系列单片机内部有很强的中断功能，用来满足控制应用的需要。8051 系列单片机有 5 个中断源，即两个外部中断源（INT0、INT1）、两个定时器/计数器中断源（T0、T1）、一个串行中断源。

8. CPU 的内部总线和外部总线

CPU 通过内部的 8 位总线与各功能部件连接，并通过 P0、P2 口形成内部 16 位地址总线连接到内部 ROM。

1.2　单片机嵌入式系统

目前，嵌入式系统广泛应用于各领域，它的身影几乎无处不在，如手机、打印机、数字机顶盒等常见设备都有嵌入式系统。嵌入式系统具有可控性、可编程、成本低等特点，在未来的生活中有非常广阔的应用场景。随着技术的进步与发展，它还将获得更加广泛、更加深入的应用。目前，嵌入式系统已经成为计算机技术和计算机应用领域的一个重要组成部分。互联网、物联网、人工智能等新技术的发展不但为嵌入式系统市场注入了新生机，而且对嵌入式系统技术提出了新的挑战。

那么，什么是嵌入式系统呢？

嵌入式系统是嵌入式计算机系统的简称。它是一种嵌入设备（或系统）内部，为特定应用而设计开发的专用计算机系统。美国电气与电子工程协会从应用角度定义嵌入式系统是“控制、监视或协助设备、机器、工厂运行的装置”（devices used to control,monitor,or assist the operation of equipment, machinery or plants，这里的 devices 指的是计算装置，即计算机）。

从技术角度来说，国内普遍认为嵌入式系统是以应用为中心，计算机技术为基础，软/硬件可裁剪、适应应用系统对功能、可靠性、成本、体积、功耗等多种约束的专用计算机系统。

嵌入式系统的一些共同特点如下。

1. 专用性

嵌入式系统与具体应用紧密结合，具有很强的专用性。每个应用都有自己独特的需求，嵌入式系统按照特定的需求进行设计，完成预定的任务。也正是因为任务的独特性，目标的明确性，所以往往这种嵌入式系统会做出最优化设计和裁剪，使得系统能够更加高效率的运行。

2. 隐蔽性

嵌入式系统通常是非计算机设备（系统）中的一部分，隐藏在其内部，不为人知。人们只关心宿主设备（系统），即宿主对象的功效、性能及其操作使用，很少有人知道或主动了解隐藏在内部的嵌入式系统。例如，在使用无人机时，人们更多时候关注的是无人机的飞行控制操作或摄影摄像功能，不会明显感知其中的计算机软/硬件。

3. 可裁剪性

嵌入式系统通常要求小型化、轻量化、低功耗及低成本，因此其软/硬件资源受到严格的限制。开发嵌入式系统应用项目时，开发人员通常会选择仅能满足宿主设备所需的软/硬件，根据实际应用需求量体裁衣，去除冗余，使目标产品的成本最小化，因而对系统的配置及软件开发有着苛刻的要求。

4. 高可靠性

嵌入式系统大多面向控制应用，系统的可靠性十分重要，特别是汽车、数控机床、运输工具中的嵌入式系统，任何误动作都可能产生致命的后果。

5. 实时性

嵌入式系统广泛应用于过程控制、数据采集、通信传输等领域，承担着测量、报警、控制、调节等任务，因此嵌入式系统都有或高或低的实时性，即必须在一个可预测和有保证的时间范围内对外部事件做出正确的反应。

6. 软件固化

嵌入式系统是一个软/硬件高度结合的产物。嵌入式系统中的软件一般都固化在 ROM 中，用户通常不能随意更改其中的程序功能。

7. 生命周期长

嵌入式系统的生命周期与其嵌入的产品或设备同步，经历产品导入期、成长期、成熟期和衰退期等各个阶段，具有较长的生命周期。

1.3 嵌入式系统和通用计算机系统的比较

通用计算机具有计算机的标准形式，通过安装运行不同的应用软件，应用在社会的各个方面。现在，办公室、家庭广泛使用的个人计算机（PC）就是通用计算机的典型代表。

而嵌入式计算机则以嵌入式系统的形式隐藏在各种装置、产品和系统中。

作为计算机系统的不同分支，嵌入式系统和人们熟悉的通用计算机系统既有共同点又有不同点。

1.3.1 嵌入式系统与通用计算机系统的共同点

（1）从工作原理上来讲，它们都属于存储程序机制。

（2）从系统组成上来讲，它们都是由软件和硬件构成的。

（3）从硬件上来看，嵌入式系统和通用计算机系统都是由 CPU、存储器、I/O 口和中断系统等组成的。

（4）从软件上来看，嵌入式系统软件和通用计算机系统软件都可以划分为系统软件与应用软件两类。

1.3.2 嵌入式系统与通用计算机系统的不同点

（1）形态：通用计算机系统具有基本相同的外形（如显示器、主机、键盘和鼠标等），并且独立存在；而嵌入式系统则通常隐藏在具体的产品或设备中，其形态随着产品或设备的不同而不同。

（2）功能：通用计算机系统一般具有通用而复杂的功能，任意一台通用计算机都具有文档编辑、影音播放、娱乐游戏、网上购物和通信聊天等通用功能；而嵌入式系统则嵌在某宿主对象中，其功能由宿主对象决定，具有专用性，通常是为了某个应用而量身定制的。

（3）功耗：目前，通用计算机系统的功耗一般在 200W 左右；而嵌入式系统的宿主对象则通常是小型的应用系统，如手机、智能手环等，这些设备不可能装备容量较大的电源，因此，低功耗一直是嵌入式系统追求的目标。例如，日常生活中使用的智能手机，其待机功率为 100～200mW，即使在通话时，其功率也只有 4～5W。

（4）资源：通用计算机系统拥有大而全的资源（如鼠标、键盘、硬盘、内存条和显示器等）；而嵌入式系统则受限于宿主对象，通常要求小型化和低功耗，其软/硬件资源受到严格的限制。

（5）价值：通用计算机系统的价值体现在“计算”和“存储”上，计算能力（CPU 的字长和主频等）和存储能力（内存和硬盘的大小与读/写速度等）是通用计算机系统的通用评价指标；而嵌入式系统的价值则一般不取决于其内嵌的 CPU 的性能，而体现在其所嵌入和控制的设备。例如，一台智能洗衣机往往用洗净比、洗涤容量和脱水转速等来衡量其性能，而不以其内嵌的微控制器的运算速度和存储容量等来衡量其性能。

1.4　嵌入式系统的基本分类

1.4.1　按照技术复杂度进行分类

（1）低端嵌入式系统：又称无操作系统控制的嵌入式系统（Non-OS control Embedded System，NOSES）。

（2）中端嵌入式系统：又称小型操作系统控制的嵌入式系统（Small OS control Embedded System，SOSES）。

（3）高端嵌入式系统：又称大型操作系统控制的嵌入式系统（Large OS control Embedded System，LOSES）。

1.4.2　按照应用领域进行分类

按照应用领域可以把嵌入式系统分为军用、工业用和民用三大类。其中，军用和工业用嵌入式系统的运行环境要求比较苛刻，往往要求耐高温、耐湿、耐冲击、耐强电磁干扰、耐粉尘、耐腐蚀等；民用嵌入式系统的需求特点往往体现在另一些方面，如易于使用、方便维护和标准化程度高。

1.5　STC 公司生产的单片机

STC 公司成立于 1999 年，经过多年发展，目前已成为全球最大的 8051 单片机设计公司。

传统的 8051 单片机需要外部晶振电路和外部复位电路，称为最小系统电路。STC15 系列单片机免去了外部复位电路和外部晶振电路，上电可自行复位，内部集成晶振电路，可设置振荡频率。

当设计者完成单片机上的程序开发后，就需要将程序固化到单片机内部的 ROM 中。当单片机的 ROM 采用 Flash 工艺时，允许设计者重复地固化程序到 ROM 中。

很明显，设计者可以在本地完成程序的固化后将系统交付给客户。但是，当包含单片系统的成品被交付给客户使用后，如果设计者需要对产品进行更新，而设计者与产品不在同一地点，那么此时需要使用其他更新方式。

将本地固化程序的方式称为 ISP；将另一种固化程序的方式称为应用编程（In Application Programming，IAP）。

1. ISP

ISP 是指通过单片机专用的串行编程接口和 STC 提供的专用串行口下载器固化程序软件对单片机内部 Flash 存储器进行编程。

2. IAP

IAP 技术从结构上将 Flash 存储器映射为两个存储空间。当运行一个存储空间内的用户程序时，该程序可对另一个存储空间进行重新编程，将控制权从一个存储空间转移到另一个存储空间。IAP 的实现更加灵活，典型的例子是可将单片机的串行口接到计算机的串行口，通过设计者专门设计的软件程序来编程 STC 单片机内部存储器。

支持 ISP 的单片机不一定支持 IAP；但是，支持 IAP 的单片机一定支持 ISP。

STC 公司生产的 15 系列单片机用下面的格式进行标识：

xxx	15	x	x	xx	x	xx	x	-	xxx	x
①	②	③	④	⑤	⑥	⑦	⑧		⑨	⑩

① 表示 STC、IAP 或 IRC，具体含义如下。

STC 表示设计者不可以将用户程序区的程序 Flash 作为 EEPROM（Electrically Erasable Programmable Read Only Memory）使用，但有专门的 EEPROM。EEPROM 是指带电可擦可编程只读存储器，是一种掉电后数据不丢失的存储芯片。EEPROM 可以在计算机上或专用设备上擦除已有信息，重新编程，一般即插即用。

IAP 表示设计者可以将用户程序区的程序 Flash 作为 EEPROM 使用。

IRC 表示设计者可以将用户程序区的程序 Flash 作为 EEPROM 使用，且固定使用内部的 24MHz 时钟。

② 表示 STC 公司的 15 系列单片机。

当工作于同样的频率时，其速度是普通 8051 单片机的速度的 8～12 倍。

③ 表示单片机的工作电压，用 F、L 和 W 表示，具体含义如下。

F 表示 Flash，工作电压为 3.8～5.5V。

L 表示低电压，工作电压为 2.4～3.6V。

W 表示宽电压，工作电压为 2.5～5.5V。

④ 表示单片机内 SRAM 存储空间的容量。

当④为一位数字时，容量计算以 128B 为单位，乘以该数字。例如，当该数字为 4 时，表示 SRAM 存储空间的容量为 128B×4=512B。

当容量超过 1KB（1024B）时，用 1K、2K、4K 等表示，其单位为 B。

⑤ 表示单片机内程序空间的大小。

例如，01 表示 1KB，02 表示 2KB，16 表示 16KB，29 表示 29KB。

⑥ 表示单片机的一些特殊功能，用 W、S、AS、PWM、AD、S2 表示，具体含义如下。

W 表示有掉电唤醒专用定时器。

S 表示有串行口。

AS/PWM/AD 表示有一组高速异步串行通信接口；具有 SPI 功能、内部 EEPROM 功能、A/D 转换功能、CCP/PWM/PCA 功能。

S2 表示有两组高速异步串行通信接口。

⑦ 表示单片机的工作频率。

例如，28 表示该款单片机的工作频率最高为 28MHz。

⑧ 表示单片机的工作温度，用 C、I 表示，具体含义如下。

C 表示商业级，其工作温度为 0～70℃。

I 表示工业级，其工作温度为-40～85℃。

⑨ 表示单片机的封装类型。

单片机典型的封装类型有 LQFP、PDIP、SOP、SKDIP、QFN。

⑩ 表示单片机的引脚个数。

单片机典型的引脚个数有 64、48、44、40、32、28 等。

1.6　STC 单片机设计流程

1.6.1　硬件设计流程

硬件是软件实现功能的载体，或者说是实现特定需求的物理载体，其设计流程如图 1-2 所示。

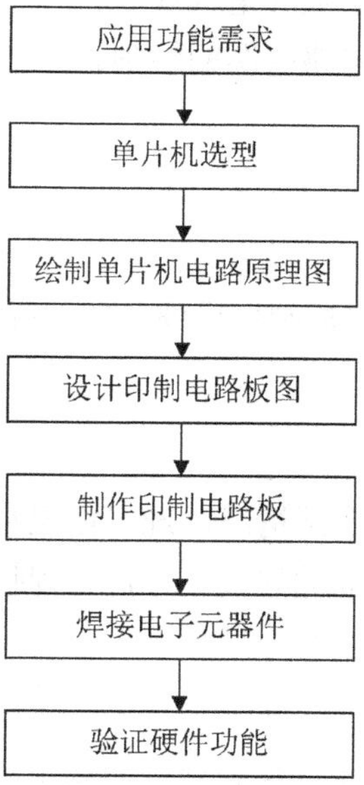

图 1-2　硬件设计流程

1. 应用功能需求

整个硬件设计的核心问题就是明确整体的应用功能需求，包括以下几方面。

（1）明确所设计的系统与其他系统接口的电气规范和机械规范。

（2）明确设计所需的总成本，包括完成设计的人员分配、时间进度、资金计划等。

（3）明确系统的硬件模块划分，以及需要的软件开发工具。

2. 单片机选型

选取一款符合应用需求的单片机主要从以下几方面进行考虑。

（1）交付产品后，单片机内的程序是否需要升级，是否需要使用 ISP 的产品升级方法。

（2）单片机的价格。

（3）单片机的工作环境要求。

（4）单片机的封装类型。

（5）单片机的工作频率。

（6）单片机 ROM 的容量。

（7）单片机片内 RAM 的容量。

（8）单片机的外部设备资源是否满足要求。

3. 绘制单片机电路原理图和设计印制电路板图

在绘制单片机电路原理图和设计印制电路板（PCB）图时，需要遵循以下原则。

（1）选择设计者熟悉的单片机电路原理图和印制电路板图绘制工具。

（2）检查元器件库是否已经提供所需元器件的原理图和印制电路板封装。

（3）设置绘制单片机电路原理图的参数和电气规则。

（4）根据芯片数据手册，完成单片机电路原理图的绘制。

（5）检查单片机电路原理图是否存在缺陷。

（6）将单片机电路原理图导入印制电路板设计工具。

（7）设置绘制印制电路板图的参数和电气规则。

（8）按照设计规则，完成印制电路板图的绘制。

（9）检查印制电路板图的设计。

（10）生成光绘文件。

4. 制作印制电路板

生成光绘文件后，选择印制电路板制板厂商，提出制板要求，如有无阻抗控制要求、印制电路板的颜色、过孔处理方法等。

5. 焊接电子元器件

拿到成品印制电路板后，根据实际情况，选择自己将元器件焊接到印制电路板上，或者将印制电路板和电子元器件交给专业的焊接工厂进行焊接。焊接完成后，要确保不存在任何焊接缺陷，包括短路和虚焊等。

6. 验证硬件功能

设计者拿到焊接后的板子时，要进行测试，要确保硬件没有设计或制作缺陷，之后将其交给软件开发人员进行进一步开发。必要时，软/硬件工程师相互配合进行调试。

1.6.2 软件设计流程

单片机的软件设计流程如图 1-3 所示。

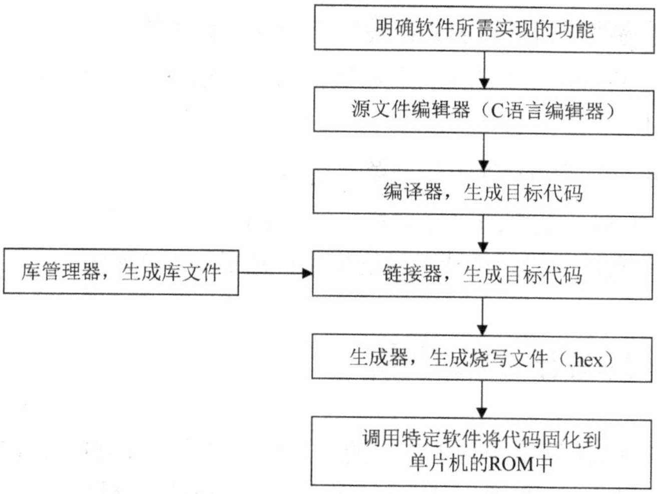

图 1-3　单片机的软件设计流程

在单片机的软件设计流程中，从应用的角度来说，主要有以下两个任务。

（1）编写驱动程序，对硬件系统进行驱动，使其能正常工作。

（2）编写应用程序，使整个系统能满足应用要求。

从本质上来说，无论编写什么类型的应用程序，使用什么语言进行开发，最终都要经过软件变成可执行的机器代码，并转换成存储器格式的文件烧写到存储器中。从这个角度来讲，软件的实质就是在存储器的不同位置保存的 0 和 1 的比特流。

单片机的软件设计流程包含以下几个步骤。

1．明确软件所需实现的功能

对于程序设计者，其需要完成以下工作。

（1）了解硬件的性能。

（2）了解单片机的软件开发环境，如 STC 单片机的软件开发环境是 Keil μVision。

（3）设计软件的数据流图和程序流图。

（4）明确程序的概要设计和详细设计方案。

2．使用 C 代码编写程序

通过 Keil μVision 提供的 C 语言编辑器，完成软件代码的输入。

3．使用编译器对 C 代码进行编译

软件调用 Keil μVision 提供的编译器对输入的代码进行编译。编译器从 C 文件中产生目标文件（.obj）。目标文件可能被添加到库中或与其他文件链接到一起。目标文件是一种特殊格式的二进制文件，包含段的定义、外部段的定义、二进制内容和调试信息。

4．使用库管理器生成库文件

当设计者需要使用库时，软件调用库管理器，允许创建一个库，或者添加目标文件到库中，或者从库中删除目标文件。

5．使用链接器生成绝对目标模块文件

软件调用 Keil μVision 提供的链接器，通过将前面编译器创建的目标模块文件链接在一起来创建一个绝对目标模块文件。

6．使用生成器将绝对目标模块文件转换成十六进制文件

软件调用 Keil μVision 提供的工具，将链接器生成的绝对目标模块文件转换成 Intel 格式的十六进制文件（.hex）。

7．使用软件将十六进制文件固化到单片机中

以 STC 单片机为例，通过 STC 公司提供的 USB 转串行口下载电缆，由 STC 公司提供的 STC-ISP 软件将.hex 文件下载到设计者所选型号单片机的 ROM 中。

1.7 IAP15F2K61S2 单片机

本书所用的 CT107D 开发平台上使用的单片机型号为 IAP15F2K61S2。该单片机是 STC 公司生产的 STC15F2K60S2 系列 1T 8051 单片机，该系列单片机的主要性能如下。

（1）大容量（2048B）的片内 RAM 数据存储器。

（2）高速：1 个时钟/机器周期，增强型 8051 内核，其速度比传统 8051 单片机的速度提高了 7～12 倍，比 STC 公司早期的 1T 系列单片机的速度高出 20%。

（3）宽电压：4.2～5.5V。

（4）低功耗设计：低速模式、空闲模式、掉电模式。

（5）不需要外部复位电路，ISP 编程时 8 级复位门槛电压可选，内置高可靠复位电路。

（6）不需要外部晶振电路，ISP 编程时内部时钟频率在 5～28MHz 内可设。

（7）支持掉电唤醒的资源有 INT0/INT1（上升沿/下降沿中断均可）、INT2/INT3/INT4（下降沿中断）、CCP0/CCP1/CCP2/T0/T1/T2 引脚、内部掉电唤醒专用定时器。

（8）8/16/24/32/40/48/56/60/61/63.5KB 片内 Flash ROM，擦写次数达 10 万次以上。

（9）大容量片内 EEPROM 功能，擦写次数达 10 万次以上。

（10）支持 ISP/IAP，无须编程器/仿真器。

（11）高速 ADC，8 通道 10 位，速度可达每秒 30 万次，3 路 PWM 可当作 3 路 D/A 使用。

（12）3 通道捕获/比较单元（CCP/PCA/PWM）。

（13）利用 CCP/PCA 高速脉冲输出功能可实现 3 路 9～16 位 PWM。

（14）利用定时器 T0、T1 或 T2 的时钟输出功能可实现高精度的 8～16 位 PWM。

（15）6 个定时器：2 个 16 位可重装载定时器 T0 和 T1，是兼容普通 8051 的定时器；新增了一个 16 位定时器 T2，同 T0 和 T1，都可实现可编程时钟输出；引脚 MCLKO 可将内部主时钟对外分频输出，3 路 CCP/PCA 可再实现 3 个定时器。

（16）可编程时钟输出。

（17）超高速双串行口/UART：两个完全独立的高速异步串行通信接口，分时切换可当 5 组串行口使用。

（18）SPI 高速同步串行通信接口。

（19）硬件看门狗（WDT）。

（20）先进的指令集结构，兼容普通 8051 指令集，有硬件乘法/除法指令。

（21）通用 I/O 口（42/38/30/26/18 个），复位后为准双向口/弱上拉（可设置 4 种模式：准双向口/弱上拉、强推挽/强上拉、仅为输入/高阻、开漏）。每个 I/O 口的驱动能力均可达 20mA，但整个芯片的驱动能力不超过 120mA。

（22）如果 I/O 口不够用，则可使用 3 个普通 I/O 口外接 74HC595 来扩展 I/O 口，并可多芯片级联扩展几十个 I/O 口；此外，还可以用 A/D 做按键扫描来节省 I/O 口。

STC15F2K60S2 系列单片机的内部结构如图 1-4 所示。

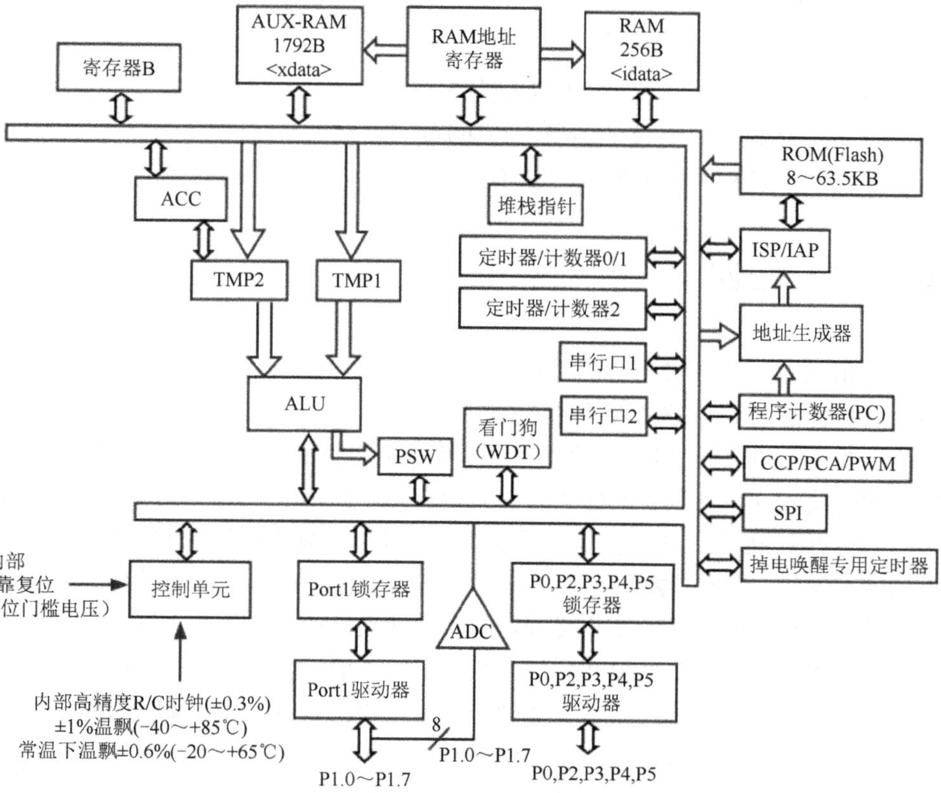

图 1-4　STC15F2K60S2 系列单片机的内部结构

思考与练习

1．通用计算机系统与嵌入式系统的共同点和不同点是什么？
2．在单片机中，IAP 指什么？ISP 指什么？
3．IAPF2K61S2 单片机标识的含义是什么？
4．简述单片机的硬件设计流程。
5．简述单片机的软件设计流程。

第 2 章　单片机实战开发环境与工具

本书使用 CT107D 开发平台作为硬件平台，需要在该开发平台上实现各种开发项目，诸如 LED 控制、中断、定时器的使用、数码管的控制等。

本章主要介绍 Keil C51 集成开发环境、STC-ISP 程序下载软件的配置及使用方法。

2.1　C51 基础

C51 既具有一般高级语言的特点，又能直接对单片机的硬件进行操作，其表达和运算能力强，其与标准 C 语言的主要不同之处如下。

（1）要学习与应用 C51，必须掌握 51 单片机的基本原理和组成结构，以及外部扩展芯片的编址和电路设计，并具备硬件和软件设计能力。而标准 C 语言则与硬件的关联度小。

（2）标准 C 语言定义的变量不需要直接与计算机硬件的地址发生关联。C51 应用单片机内部的寄存器组、特殊功能寄存器（包含内部可位寻址的位单元），以及扩展的 I/O 口芯片端口和各功能部件，其定义的变量必须定位到这些硬件的每个寄存器和端口的地址。

（3）针对单片机位存储器和位操作指令，C51 增加了位数据类型的定义和位处理功能。

（4）头文件的不同。由于 8051 系列单片机的生产厂家不同，以及增强型单片机内部资源的不同，其头文件也不同，头文件集中体现了各类单片机的不同资源及功能。例如，C51 使用 8051 系列单片机内部资源的头文件为 reg51.h，使用扩展资源的头文件为 absacc.h。

（5）对于单片机特有的存储空间结构，C51 增加了各种存储空间变量的定义。

（6）对于单片机的中断系统，以及寄存器组的选择，C51 专门增加了处理语句。

（7）库函数的不同。Keil C51 的部分库函数是结合单片机硬件特点而开发的，其结构和应用方法有很大的不同。例如，对于库函数 printf()和 scanf()，标准 C 语言中用于屏幕打印和接收数据，而 Keil C51 中则主要用于串行口数据的接收和发送。

（8）针对 8051 单片机通常的存储资源最多为 64KB 的现状，C51 不允许过多的程序嵌套，而标准 C 语言中的函数递归调用功能必须用 reentrant 进行声明方可使用，否则不被支持。

为了增强对单片机硬件的操作能力，C51 编译器扩展了适合于 8051 单片机硬件的数据类型、存储类型、存储模式、指针类型和中断函数等，以使单片机 C51 语言程序本身不依赖计算机硬件系统的特点，而只需略加补充有关硬件的操作，就可以在不同单片机应用系统间进行快速移植。C51 编译器针对 8051 单片机硬件，在下列几方面对标准 C 语言进行了扩展。

（1）扩展了专门访问 8051 单片机硬件的数据类型。

（2）存储类型按 8051 单片机存储空间分类。

（3）存储模式按 8051 单片机存储空间选定编译器模式。

（4）指针分为通用指针和存储器指针。

（5）函数增加了中断函数和再入函数。

C51 编译器除支持 ANSI C 标准关键字之外，还扩充了如表 2-1 所示的关键字。

表 2-1 C51 扩展的关键字

关键字	用途	说明
bit	位变量声明	声明一个位变量或位类型的函数
sbit	位变量声明	声明一个可位寻址的变量
sfr	特殊功能寄存器声明	声明一个 8 位的特殊功能寄存器（SFR）
sfr16	特殊功能寄存器声明	声明一个 16 位的特殊功能寄存器
data	存储器类型说明	直接寻址的 8051 内部数据存储器
bdata	存储器类型说明	可位寻址的 8051 内部数据存储器
idata	存储器类型说明	间接寻址的 8051 内部数据存储器
pdata	存储器类型说明	“分页”寻址的 8051 外部数据存储器
xdata	存储器类型说明	8051 外部数据存储器
code	存储器类型说明	8051 程序存储器
interrupt	中断函数声明	定义一个中断函数
reentrant	再入函数声明	定义一个再入函数
using	寄存器组定义	定义 8051 的工作寄存器组

IAP15F2K61S2 单片机存储结构的主要特点是程序存储器与数据存储器是分开编址的，单片机内部在物理上有 4 个相互独立的存储器空间，即程序存储器、片内基本 RAM、片内扩展 RAM 和 EEPROM（数据 Flash）。

单片机复位后，程序计数器中的内容为 0000H，从 0000H 单元开始执行程序。另外，中断处理程序的入口地址（又称中断向量）也位于程序存储器单元，在程序存储器中，每个中断都有一个固定的入口地址，当中断发生并且得到响应后，单片机就会自动跳转到相应的中断入口地址执行程序。

片内基本 RAM 共 256B，可分为 3 部分，分别是低 128B 的通用 RAM 区（该部分与传统 8051 兼容）、高 128B RAM 及特殊功能寄存器区。其中，高 128B RAM 与特殊功能寄存器区公用相同的地址范围，地址空间虽然重叠，但是物理上是独立的，使用时通过不同的寻址方式加以区分。高 128B RAM 只能间接寻址，特殊功能寄存器区只能直接寻址。

特殊功能寄存器区是用来对片内各功能模块进行管理、控制、监视的控制寄存器和状态寄存器，是一个特殊功能的 RAM 区。需要注意的是，寄存器地址能够被 8 整除的才可以进行位操作，不能够被 8 整除的不可以进行位操作。

为了能直接访问 8051 单片机的特殊功能寄存器，Keil C51 提供了一种自主形式的定义方法。这种定义方法与标准 C 语言不兼容，只适用于对 8051 系列单片机进行 C 语言编程。

这种定义方法就是引入关键字 sfr，语法如下：

```
sfr sfr_name = int constant;
```

例如：

```
sfr P1 = 0X90;       /*P1 口地址为 90H*/
sfr TMOD = 0X89;    /*定时器/计数器方式控制寄存器的地址为 89H*/
```

其中，“sfr”后面必须跟一个特殊功能寄存器名，“=”后面的地址必须是常数，不允许是带有运算符的表达式，这个常数值的范围必须在特殊功能寄存器地址范围内，即位于

0X80～0XFF 内。

8051 系列单片机的寄存器数量与类型是极不相同的，因此建议将所有的特殊 sfr 定义放在一个头文件中。该头文件应包含 8051 系列单片机成员中所有特殊功能寄存器的定义，可由用户自行编写。

8051 片内 I/O 口与片外扩展 I/O 口可以统一在头文件中定义，也可以在程序中定义。具体方法如下：

```
sfr P0 = 0X80;      /*P0 口的地址为 80H*/
```

定义口地址的目的是便于 C51 编译器按 8051 实际硬件结构建立 I/O 口变量名与其实际地址的联系，从而使程序员能用软件模拟 8051 硬件操作。

C51 编译器支持在 C 语言源程序中直接编写 8051 单片机的中断处理程序，为此，C51 编译器对函数的定义进行了扩展，增加了一个扩展关键字 interrupt。

interrupt 是函数定义时的一个选项，加上它即可以将一个函数定义为中断服务函数，其具体应用将在后续中断部分进行说明。

2.2 安装 Keil 版本的 STC 仿真驱动

打开 STC-ISP，在软件右上方单击“Keil 仿真设置”选项卡，并单击“添加型号和头文件到 Keil 中”按钮，打开浏览文件夹对话框，在对话框中选择 Keil 安装文件夹（通常默认安装在 C:\Keil 路径下），单击“确定”按钮，STC-ISP 提示“STC MCU 型号添加成功”。

添加成功后，C:\Keil\C51\BIN 文件夹中出现 STC Monitor51 仿真驱动程序“stcmon51.dll”，同时，C:\Keil\C51\INC\STC 文件夹中出现 STC 头文件。这样，在 Keil 中新建工程，并选择新品型号时，便会有“STC MCU Database”选项，从 MCU 列表中选择 MCU 型号，便能找到相应芯片的型号，针对 CT107D 开发平台，目前 STC 支持仿真的型号是 STC15F2K60S2。

2.3 Keil C51 集成开发环境

Keil C51 是美国 Keil Software 公司出品的 51 系列兼容单片机 C 语言软件开发系统，与汇编语言相比，C 语言在功能、结构性、可读性、可维护性上有明显的优势，因而易学易用。Keil 提供了包括 C 编译器、宏汇编、链接器、库管理器和一个功能强大的仿真调试器等在内的完整开发方案，通过一个集成开发环境（μVision）将其组合在一起。如果设计者使用 C 语言编程，那么 Keil 是最佳选择之一，即使不使用 C 语言而仅用汇编语言编程，其方便易用的集成环境、强大的软件仿真调试工具也会令设计者事半功倍。通过该集成开发环境提供的功能，可以加速开发过程。

在计算机上安装了 Keil C51 后，就会在计算机桌面上看到“Keil μVision 5”图标，运行 Keil μVision 5 就可以进入其主界面，如图 2-1 所示。

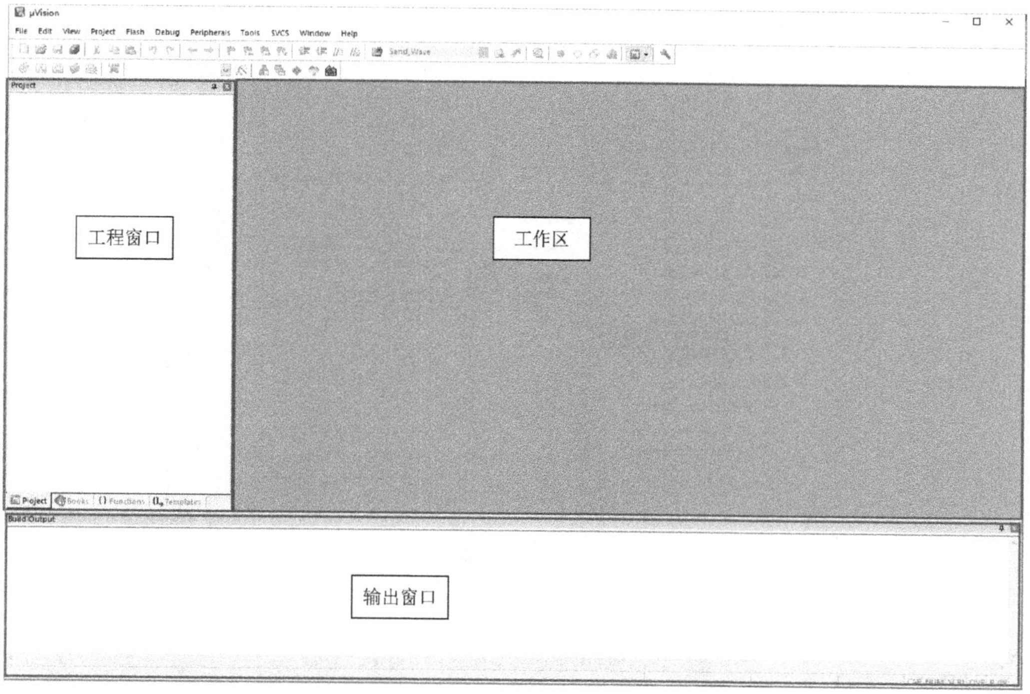

图 2-1　Keil µVision 5 的主界面

下面介绍如何使用 Keil µVision 5 集成开发环境建立工程。

单击“Project”菜单下的“New µVision Project…”菜单项启动新工程的建立，之后会出现新建工程对话框，如图 2-2 所示。在新建工程对话框中，选中工程文件要存放的路径，并输入工程文件名，单击“保存”按钮后，转到芯片选择对话框。（为了避免一些不必要的麻烦，工程文件名和工程路径中不要包含中文。）

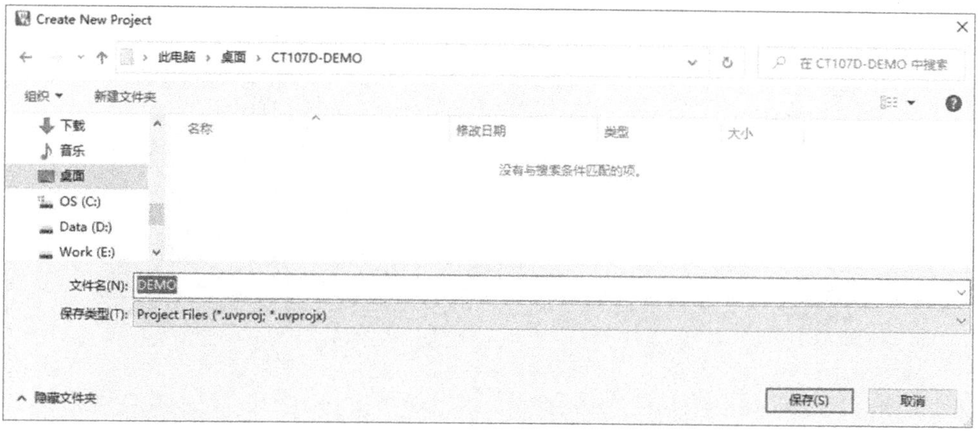

图 2-2　新建工程对话框

从图 2-2 中可以看出，新建工程文件名为“DEMO”，工程路径为桌面上的 CT107D-DEMO 文件夹。

在芯片选择对话框中，选择所需的单片机，这里选择“STC15F2K60S2 Series”单片机，如图 2-3 所示。

芯片选择完成后，单击“OK”按钮即可。随后会弹出一个提示是否加载启动代码的对话框，单击“否”按钮，如图 2-4 所示。

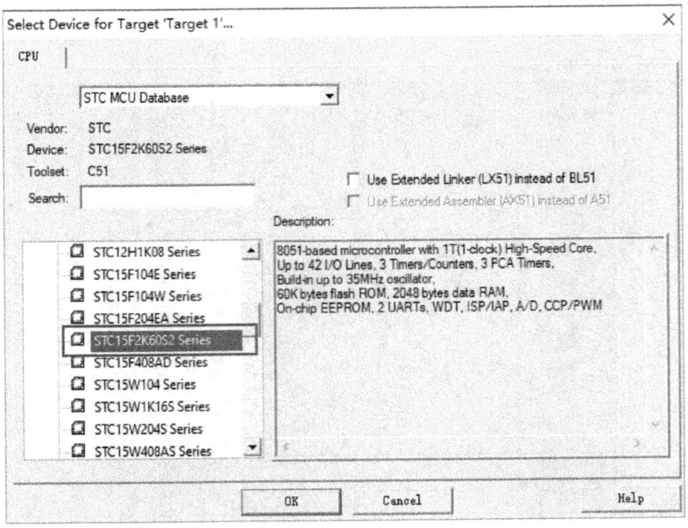

图 2-3　芯片选择对话框

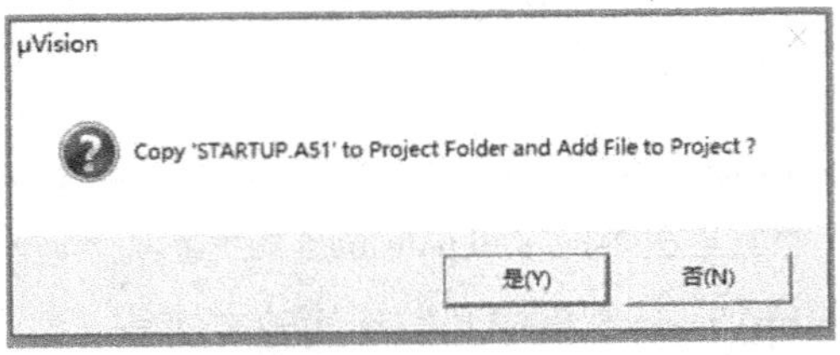

图 2-4　提示是否加载启动代码的对话框

之后，主界面左侧的工程窗口中出现了“Target1”文件夹，单击“Target1”文件夹之前的“+”图标，展开“Target1”文件夹，出现下一级文件夹“Source Group 1”，如图 2-5 所示。

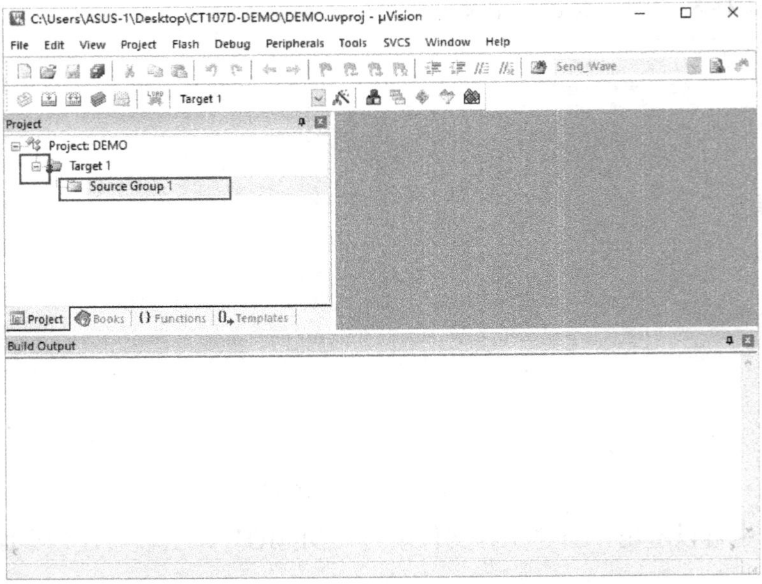

图 2-5　建立工程后的开发环境主界面

建立工程后，还要在工程中创建新的程序文件或加入旧的程序文件。如果没有现成的程序文件，就需要新建一个程序文件。这里以 C 程序为例，介绍如何新建一个 C 程序文件和如何将其加入一个项目中。

首先，新建一个 C 程序文件，单击“File”菜单下的“New...”菜单项，新建文件“Text1”，在工作区中出现了“Text1”文档，可以在其中输入代码。在工作区中输入下面简单的“流水灯”程序：

```
#include <stc15.h>

void Delay(unsigned int t)
{
    while(t--);
    while(t--);
}

void main(void)
{
    unsigned char j;
    while(1)
    {
        P2 = (P2&0X1F)|0X80;

        for(j=1;j<=8;j++)
        {
            P0 = (0XFF<<j);
            Delay(60000);
            Delay(60000);
        }
        for(j=1;j<=8;j++)
        {
            P0 = ~(0XFF<<j);
            Delay(60000);
            Delay(60000);
        }
    }
}
```

然后，单击“File”菜单下的“Save”菜单项，因为这是新文件，所以保存时会弹出文件操作对话框，这里把这个文件命名为“main.c”，保存在项目所在的目录中，如图 2-6 所示。

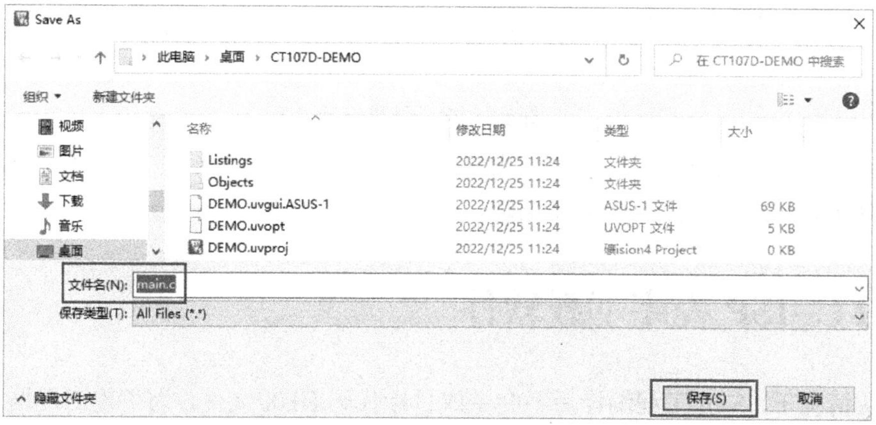

图 2-6　保存新文件

操作完成后，可以看到开发环境主界面程序的部分单词有了颜色变化，这说明 Keil 的 C 语法检查生效了。

保存文件后，还需要将该文件添加到工程中，具体方法是，右击“Source Group 1”文件夹，在弹出的快捷菜单中选择“Add Existing Files to Group 'Souce Group 1'...”选项，出现如图 2-7 所示的添加文件到组对话框。

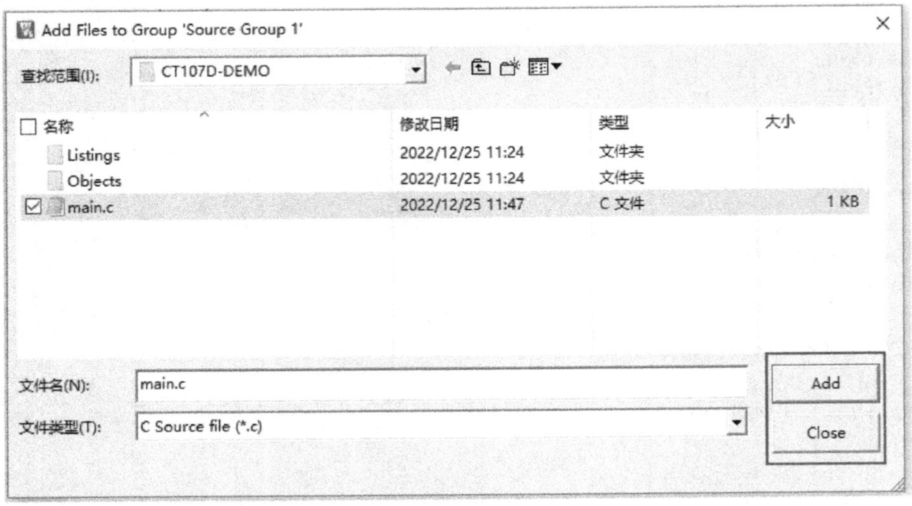

图 2-7　添加文件到组对话框

选择刚刚创建的“main.c”文件，单击“Add”按钮，将“main.c”文件添加到工程中。单击“Close”按钮，关闭添加文件到组对话框。

添加文件后，在“Source Group 1”文件夹图标左边出现了“+”图标，说明文件组中有了文件，单击它可以展开查看。

单击“Project”菜单下的“Build Target”菜单项编译工程，输出窗口显示编译结果。如果编译正确，则可以看到提示 0 个错误与 0 个警告，如图 2-8 所示。

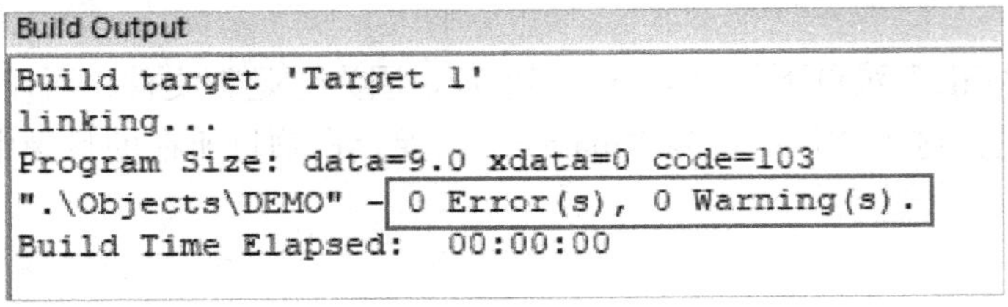

图 2-8　编译结果提示

如果程序中有语法错误，则会在输出窗口提示发生错误或警告，双击某一行，根据错误提示信息查找并修改错误，直至编译正确。

2.4　STC-ISP 程序下载软件

在默认情况下，Keil 工程编译后不会生成目标代码 HEX 文件，为了使工程编译后自动生成 HEX 文件，需要进行目标选项设置，方法如下。

单击“Project”菜单下的“Option for Target 'Target 1'...”菜单项，打开目标选项对话框。在目标选项对话框中，单击“Output”选项卡，选中“Create HEX File”复选框，如图 2-9 所示。

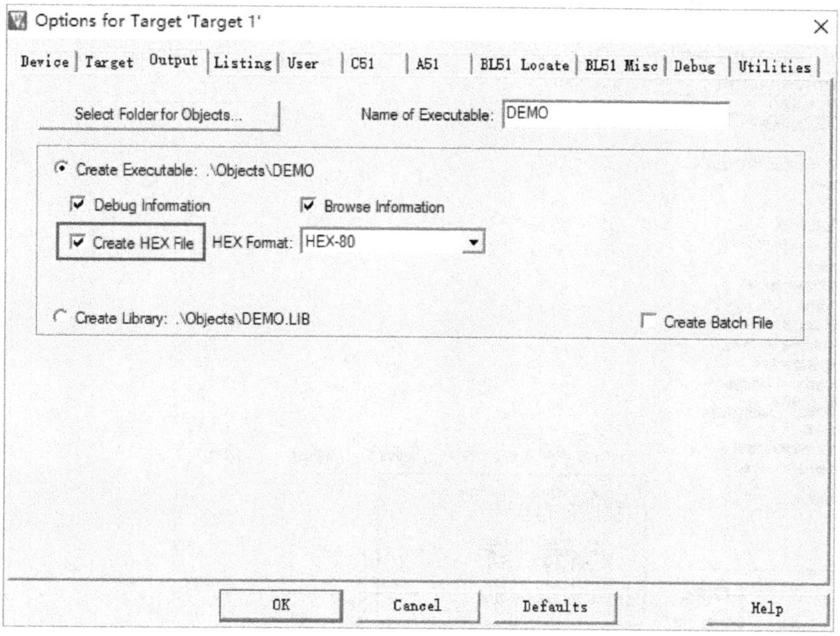

图 2-9 目标选项设置

设置完成后，重新编译工程，在工程文件夹下的“Objects”文件夹中可以找到生成的 HEX 文件，文件名与工程名相同。

计算机和 CT107D 开发平台的通信通过 USB 转串行口实现。注意：先不要给 CT107D 开发平台通电（电源指示灯不点亮），将 CT107D 开发平台和计算机通过 USB 线缆连接，Windows 系统会自动安装驱动程序，如果不能自动安装，则可以手动安装相关驱动程序，即 CH341SER.exe。

将 CT107D 开发平台与计算机连接后，需要确认计算机上识别出的串行口号。打开设备管理器，单击“端口（COM 和 LPT）”下拉按钮，可以查看 USB 转接的串行口号，记住这个串行口号，在接下来的 STC-ISP 设置中，软件设置的串行口号必须和这里的串行口号保持一致。注意：每台计算机上的串行口号不一定相同，请根据实际情况进行设置。

STC 公司提供了 STC-ISP，本书的版本是“stc-isp-15xx-v6.88”，程序运行步骤如下。

（1）双击“stc-isp-15xx-v6.88.exe”运行程序，出现如图 2-10 所示的 STC-ISP 主界面。

（2）在左上方的“芯片型号”下拉列表中选择单片机型号，CT107D 开发平台上的单片机型号为 IAP15F2K61S2。

（3）确认串行口号与设备管理器中显示的串行口号一致。

（4）单击“打开程序文件”按钮，打开工程文件夹下的“Objects”文件夹中的 HEX 文件，在主界面右方出现加载的十六进制程序代码。

（5）在“硬件选项”选项卡的“输入用户程序运行时的 IRC 频率”下拉列表中选择“12.000”选项。

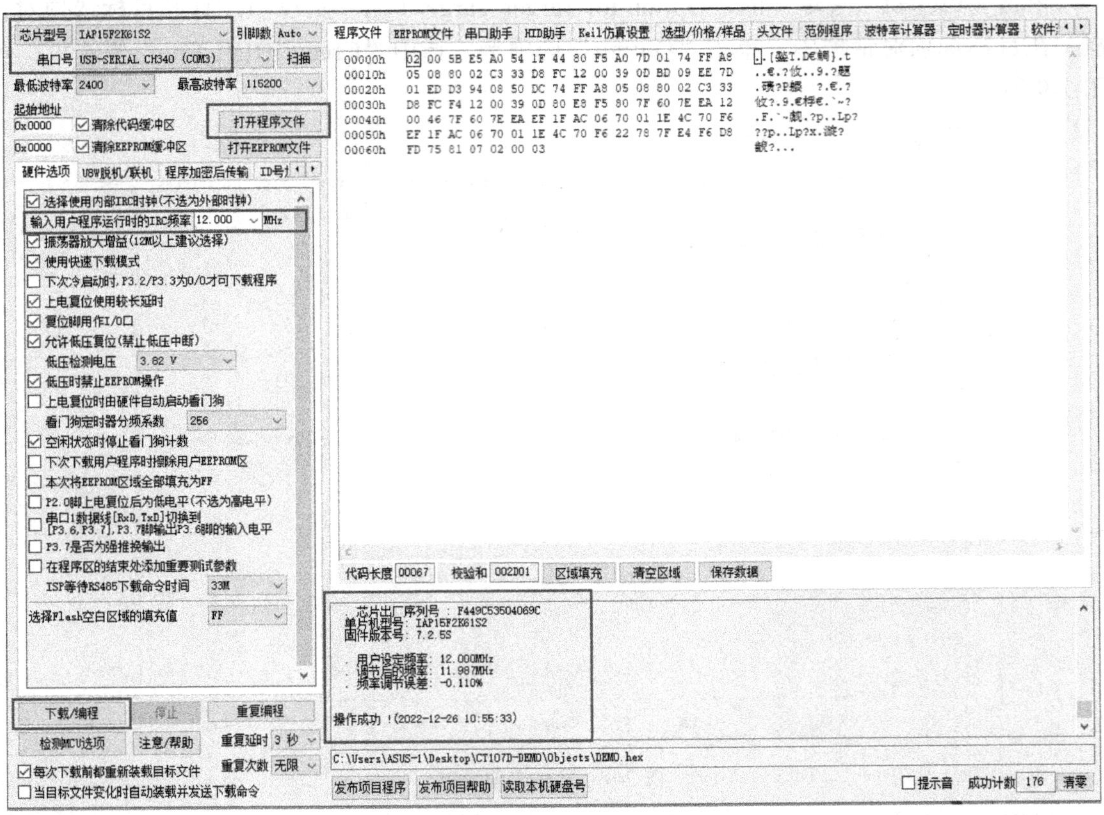

图 2-10 STC-ISP 主界面

（6）确认开发板未通电，单击主界面左下方的“下载/编程”按钮，主界面右下方显示“正在检测目标单片机...”字样，如图 2-11 所示。

图 2-11 单击“下载/编程”按钮后的提示信息

（7）按下 CT107D 开发平台上的电源开关，开发板电源指示灯亮，STC-ISP 检测到单片机，主界面右下方显示当前芯片的硬件选择，并开始下载程序，下载完成后显示“操作成功！”字样，如图 2-12 所示。同时，开发板运行程序，LED1～LED8 循环点亮/熄灭。

图 2-12 程序下载完成后的提示信息

思考与练习

1. 针对 CT107D 开发平台，在新建一个工程时，选择的芯片型号是什么？
2. 请说明 C51 扩展关键字 sfr。
3. 针对 CT107D 开发平台，简述新建一个工程的步骤及注意事项。
4. 请简述使用 STC-ISP 下载程序代码到开发板的操作步骤及注意事项。

第3章　LED控制

本章以LED的控制为载体，重点学习CT107D开发平台上的M74HC573M1R、74HC138、74HC02的应用，最终实现控制LED的目的。

3.1　基础知识

CT107D开发平台上的LED电路图如图3-1所示。

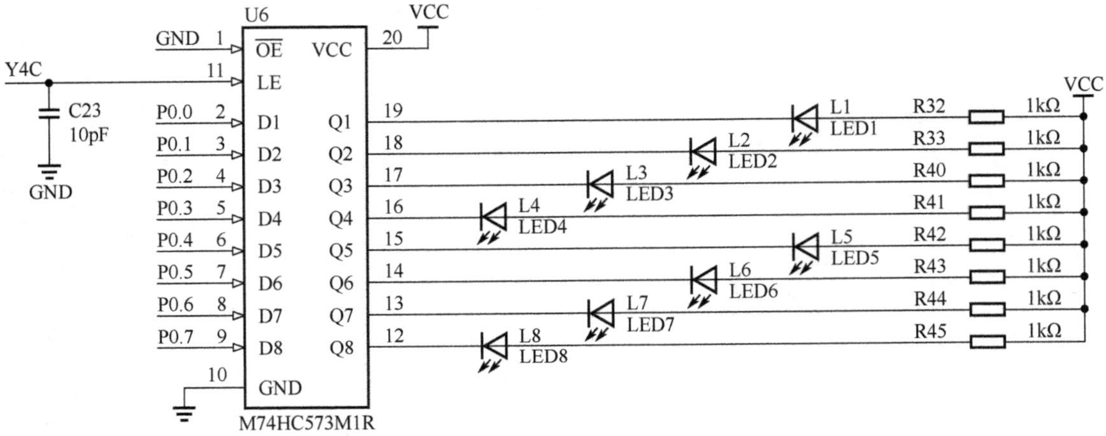

图3-1　CT107D开发平台上的LED电路图

电路采用M74HC573M1R对单片机P0口的输出信号进行缓冲，并增强信号驱动能力，进而驱动LED发光。

M74HC573M1R是拥有8路输出的透明锁存器，输出为三态门，是一种高性能硅栅CMOS器件。其中，1号引脚$\overline{OE}$为三态允许控制端，低电平有效，通常叫作输出使能端，从图3-1中可以看到，该引脚已接地；11号引脚LE为锁存允许端，或者叫作锁存控制端；2～9号引脚D1～D8为数据输入端；12～19号引脚Q8～Q1为数据输出端。数据输入端与数据输出端一一对应。M74HC573M1R真值表如表3-1所示。

表3-1　M74HC573M1R真值表

输入			输出
$\overline{OE}$	LE	D1～D8	Q1～Q8
H	X	X	高阻态
L	L	X	无变化
L	H	L	L
L	H	H	H

注：H代表高电平，L代表低电平，X代表任意电平。

当$\overline{OE}$为高电平，Q*n*为高阻态时，可以理解为基本没有输出。

当$\overline{OE}$为低电平，LE为低电平时，Q*n*无变化。

当 $\overline{OE}$ 为低电平，LE 为高电平时，若 D*n* 为高电平，则对应的 Q*n* 为高电平；若 D*n* 为低电平，则对应的 Q*n* 为低电平。

通俗地说，$\overline{OE}$ 为片选使能信号，当 $\overline{OE}$ 为低电平时，锁存器为正常工作状态；当 $\overline{OE}$ 为高电平时，锁存器为高阻态，相当于没有输出，不使能。当 LE 为高电平时，D*n* 输出什么，Q*n* 就输出什么。

如图 3-1 所示，P0.0～P0.7（总共 8 个单片机引脚）通过 M74HC573M1R 控制 8 个 LED，要想让 LED 亮，就需要 M74HC573M1R 对应输出端为低电平；要想让 LED 灭，就需要 M74HC573M1R 对应输出端为高电平。

而 $\overline{OE}$ 已接地，始终为低电平，M74HC573M1R 为正常工作状态，因此现在就看 M74HC573M1R 的 LE 的电平状态了，如果 LE 为高电平，那么 M74HC573M1R 使能，Q*n* 会受 D*n* 的影响；如果 LE 为低电平，那么 Q*n* 保持不变。

LE 受 Y4C 的影响，Y4C 是 74HC02（或非门，如图 3-2 所示）的输出。

因为 Y4C 是或非门的输出，所以其受输入 Y4 和 WR 的影响，CT107D 开发平台默认使用 I/O 模式，即 J13-2 和 J13-3 相连。J13 电路图如图 3-3 所示。

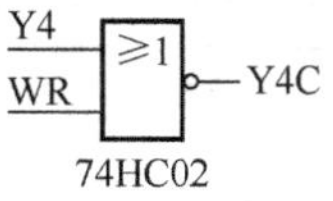

图 3-2　74HC02

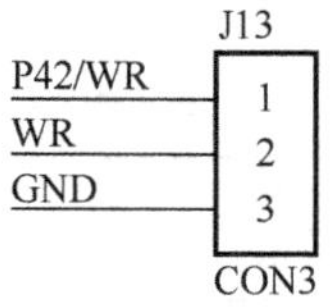

图 3-3　J13 电路图

J13-2 为 WR，J13-3 为 GND，将这两端相连，即 WR 接地，因此，在如图 3-2 所示的 74HC02 中，输入 WR 一直为 0。

此时，在 I/O 模式下，74HC02 的输出 Y4C 受输入 Y4 的影响，其真值表如表 3-2 所示。

表 3-2　I/O 模式下 74HC02 的真值表

输入		输出
WR	Y4	Y4C
0	1	0
0	0	1

而 Y4 是受到 74HC138 的控制的。74HC138 是一款高速 CMOS 器件，是一款译码器，可接收 3 位二进制加权地址输入，并在使能时提供 8 个互斥的低有效输出。CT107D 开发平台使用了 74HC138，其电路图如图 3-4 所示。

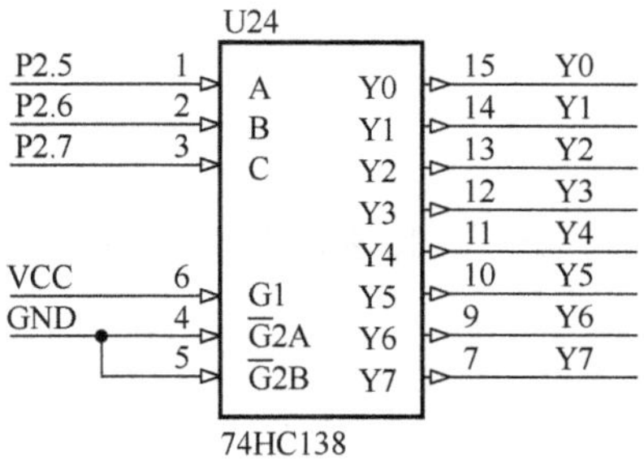

图 3-4　CT107D 开发平台上的 74HC138 电路图

74HC138 具有 3 个使能输入端：2 个低有效（$\overline{G2A}$ 和 $\overline{G2B}$）和 1 个高有效（G1）。从

图 3-4 中可以看出，3 个使能输入端均按要求连接，即 74HC138 正常工作。在此状态下，74HC138 的输出受输入端 A、B、C 的控制，其真值表如表 3-3 所示。

表 3-3　74HC138 的真值表

输入			输出							
C	B	A	Y0	Y1	Y2	Y3	Y4	Y5	Y6	Y7
0	0	0	0	1	1	1	1	1	1	1
0	0	1	1	0	1	1	1	1	1	1
0	1	0	1	1	0	1	1	1	1	1
0	1	1	1	1	1	0	1	1	1	1
1	0	0	1	1	1	1	0	1	1	1
1	0	1	1	1	1	1	1	0	1	1
1	1	0	1	1	1	1	1	1	0	1
1	1	1	1	1	1	1	1	1	1	0

从图 3-4 及表 3-3 中可以看出，74HC138 的输出受单片机引脚 P2.7、P2.6、P2.5 的控制，其对应关系如表 3-4 所示。

表 3-4　CT107D 开发平台中 74HC138 的输入/输出真值表

输入			输出			
P2.7	P2.6	P2.5	Y4	Y5	Y6	Y7
1	0	0	0	1	1	1
1	0	1	1	0	1	1
1	1	0	1	1	0	1
1	1	1	1	1	1	0

回到本章内容，想要控制 LED，需要将 M74HC573M1R 的锁存输入 Y4C 设置为高电平。Y4C 作为 74HC02 的输出，想要将其设置为高电平，在 I/O 模式下，需要将 Y4 设置为低电平。Y4 作为 74HC138 的输出，受单片机引脚 P2.7、P2.6、P2.5 的控制，即要求 P2.7 为 1，P2.6 为 0，P2.5 为 0。此时，Y4C 被设置为高电平，即使能了 M74HC573M1R。此时，P0 口改变状态，M74HC573M1R 就会相应地输出结果。

同理，还有另外 3 个 M74HC573M1R，分别控制数码管、蜂鸣器、继电器等设备，其运行原理同上。

3.2　项目分析

3.2.1　项目要求

首先，8 个 LED 闪烁 3 次后熄灭；接着，按 LED1～LED8 的顺序依次点亮，并依次熄灭，如此反复。

3.2.2　流程分析

根据本章前面介绍的内容，要想使用 P0 口控制 LED，需要先使能 M74HC573M1R，即通过控制 P2.7、P2.6、P2.5 三个引脚的电平状态来使能控制 LED 的 M74HC573M1R。

使能 M74HC573M1R 后，便可使用 P0 口来控制 LED 的状态。

控制 LED 的软件流程图如图 3-5 所示。

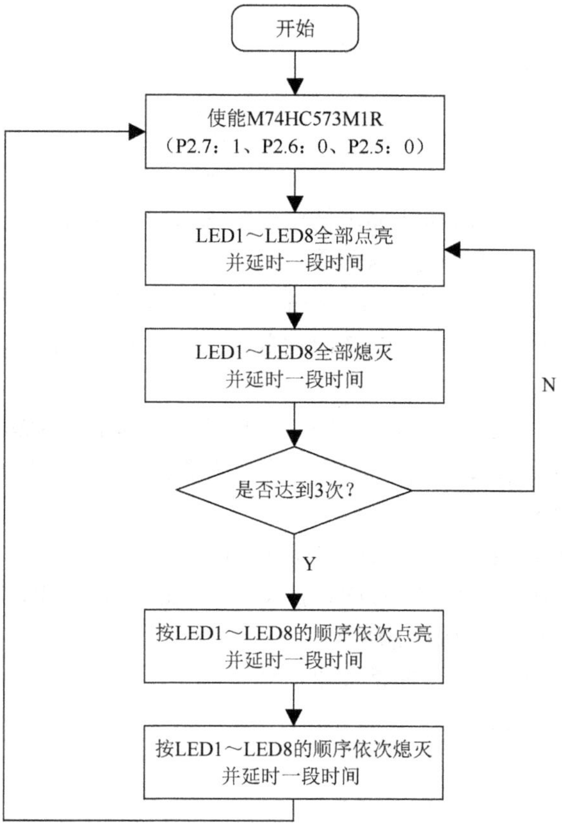

图 3-5　控制 LED 的软件流程图

3.2.3　参考代码分析

参考图 3-5，首先要使能 M74HC573M1R，编写使能 M74HC573M1R 的函数。由于 CT107D 开发平台总共有 4 个 M74HC573M1R，均受 P2.7、P2.6、P2.5 三个引脚的控制，因此这里编写一个函数，根据参数不同使能不同的 M74HC573M1R。因为另外 3 个 M74HC573M1R 最终与 74HC138 的输出 Y5、Y6、Y7 相关，所以编写代码如下：

```
void HC138_select(unsigned char pos)
{
    switch(pos)
    {
        case 4://LED
            P2 = (P2&0X1F)|0X80;
            break;
        case 5:
            P2 = (P2&0X1F)|0XA0;
            break;
        case 6:
```

```
            P2 = (P2&0X1F)|0XC0;
            break;
        case 7:
            P2 = (P2&0X1F)|0XE0;
            break;
        default:
            P2 = (P2&0X1F);
        break;
    }
}
```

该函数的参数只有一个，即需要输出低电平的引脚号，如控制 LED 的是 4 号引脚，即 Y4，因此在调用该函数时，将参数 pos 设置为 4 即可。

函数中使用 switch 语句判断参数值，并根据不同的参数值设置 P2.7、P2.6、P2.5 三个引脚的值。例如，pos=4，根据表 3-4，P2.7 应设置为 1，P2.6 应设置为 0，P2.5 应设置为 0。此时，P2 口的操作如下。

先将 P2 口的高 3 位（P2.7、P2.6、P2.5）数据清零，即 P2 = P2&0X1F。

清零后，根据入口参数，设置不同的值，此处需要将 P2.7 设置为 1，P2.6 设置为 0，P2.5 设置为 0，即 P2 = P2|0X80。

因此在 case 4 语句中，有 P2 = (P2&0X1F)|0X80。

同理，在 case 5 语句中，有 P2 = (P2&0X1F)|0XA0；在 case 6 语句中，有 P2 = (P2&0X1F)|0XC0；在 case 7 语句中，有 P2 = (P2&0X1F)|0XE0。

延时函数采用软件延时方法，非常简单，代码如下：

```
void Delay(unsigned int t)
{
    while(t--);
    while(t--);
}
```

在 main()函数的主循环里，代码如下：

```
void main(void)
{
    unsigned char i,j;
    while(1)
    {
        HC138_select(4);
        for(i=0;i<3;i++)
        {
            P0 = 0X00;
            Delay(60000);
            P0 = 0XFF;
            Delay(60000);
        }
        for(j=1;j<=8;j++)
        {
            P0 = (0XFF<<j);
            Delay(60000);
            Delay(60000);
        }
```

```
        for(j=1;j<=8;j++)
        {
            P0 = ~(0XFF<<j);
            Delay(60000);
            Delay(60000);
        }
    }
}
```

在 while 循环中，首先调用 HC138_select(4)使能控制 LED 的锁存器，即 M74HC573M1R；然后将 P0 口全部变为低电平（P0＝0X00），使 LED1～LED8 全部点亮；接着调用 Delay(60000)函数延时一段时间，延时后将 P0 口全部变为高电平（P0＝0XFF），使 LED1～LED8 全部熄灭；最后调用 Delay(60000)函数延时一段时间。整个过程按照项目要求，使用 for 循环进行 3 次这样的操作。

之后，根据项目要求，先按照 LED1～LED8 的顺序逐次点亮 LED，每次点亮一个 LED 后延时一段时间，总共 8 个 LED，使用 for 循环来处理，代码如下：

```
        for(j=1;j<=8;j++)
        {
            P0 = (0XFF<<j);
            Delay(60000);
            Delay(60000);
        }
```

接着按照 LED1～LED8 的顺序逐次熄灭 LED，每次熄灭一个 LED 后延时一段时间，总共 8 个 LED，使用 for 循环来处理，代码如下：

```
        for(j=1;j<=8;j++)
        {
            P0 = ~(0XFF<<j);
            Delay(60000);
            Delay(60000);
        }
```

至此，代码分析完毕，请参照 2.3 节中对如何使用 Keil μVision 5 集成开发环境建立工程的讲解新建工程，并将代码编写到 main.c 文件中。工程创建完毕并检查无误后，请根据 2.4 节对如何使用 STC-ISP 下载代码到 CT107D 开发平台的讲解，将生成的 HEX 文件下载到 CT107D 开发平台。在后续章节中，关于新建工程及使用 STC-ISP 下载代码的内容不再赘述。

3.3 本例代码

展示代码时，如果没有特别说明，则均默认保存在 main.c 文件中。

main.c 文件中的代码如下：

```
#include <stc15.h>

void HC138_select(unsigned char pos)
{
    switch(pos)
    {
```

```
        case 4://LED
            P2 = (P2&0X1F)|0X80;
            break;
        case 5:
            P2 = (P2&0X1F)|0XA0;
            break;
        case 6:
            P2 = (P2&0X1F)|0XC0;
            break;
        case 7:
            P2 = (P2&0X1F)|0XE0;
            break;
        default:
            P2 = (P2&0X1F);
        break;
    }
}

void Delay(unsigned int t)
{
    while(t--);
    while(t--);
}

void main(void)
{
    unsigned char i,j;
    while(1)
    {
        HC138_select(4);
        for(i=0;i<3;i++)
        {
            P0 = 0X00;
            Delay(60000);
            P0 = 0XFF;
            Delay(60000);
        }
        for(j=1;j<=8;j++)
        {
            P0 = (0XFF<<j);
            Delay(60000);
            Delay(60000);
        }
        for(j=1;j<=8;j++)
        {
            P0 = ~(0XFF<<j);
            Delay(60000);
            Delay(60000);
        }
  }
}
```

思考与练习

1．请简单说明在 CT107D 开发平台中，74HC138 分别受单片机哪几个引脚的控制，以及引脚电平状态与 74HC138 的输出关系如何对应。

2．请简单说明在 CT107D 开发平台中，M74HC573M1R 是如何使能的。

3．结合图 3-1，请说明如果想让 LED1 点亮，则在使能 M74HC573M1R 的情况下，需要配置哪个引脚，如何配置，并说明原因。

第 4 章　蜂鸣器与继电器控制

本章学习蜂鸣器与继电器的操作，从本质上来说，本章与第 3 章都是 I/O 口的控制。本章以蜂鸣器、继电器、LED 的控制为载体，进一步了解 CT107D 开发平台中模块的使用方法，熟悉 I/O 口控制方法。

4.1　基础知识

CT107D 开发平台中的蜂鸣器电路图如图 4-1 所示。

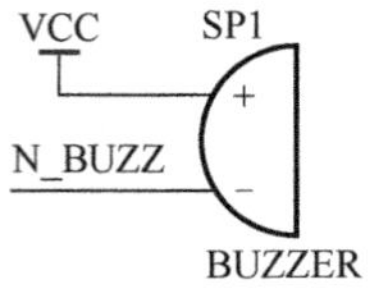

图 4-1　CT107D 开发平台中的蜂鸣器电路图

在图 4-1 中，蜂鸣器（BUZZER）为有源蜂鸣器，该蜂鸣器有两个引脚，其中，“+”引脚连接 VCC，即高电平；“−”引脚连接 N_BUZZ，而 N_BUZZ 连接 ULN2003 的 10 号引脚。

ULN2003 是高耐压、大电流复合晶体管阵列，由 7 个硅 NPN 复合晶体管组成，每对硅 NPN 复合晶体管之间都串联一个 2.7kΩ 的基极电阻。在 5V 的工作电压下，ULN2003 能与 TTL 和 CMOS 电路直接相连，可以直接处理原先需要标准逻辑缓冲器处理的数据，多用于单片机、智能仪表、PLC、数字量输出卡等控制电路，可直接驱动继电器等负载。继电器与蜂鸣器连接电路图如图 4-2 所示。

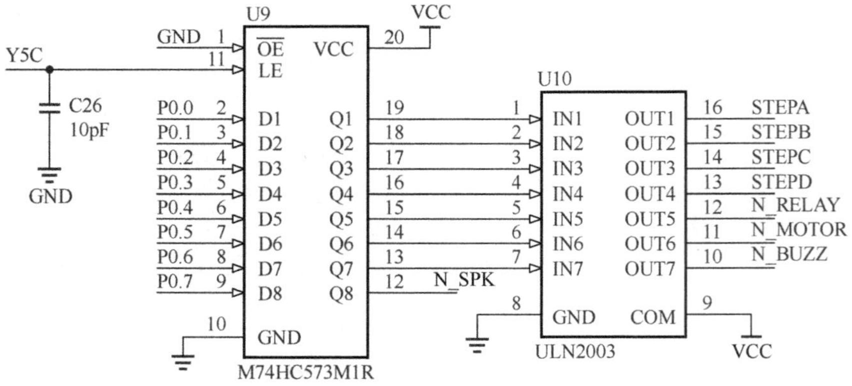

图 4-2　继电器与蜂鸣器连接电路图

ULN2003 与第 3 章学习的 M74HC573M1R 类似，它有 7 个输入端，分别是 IN1～IN7，与之对应的是 7 个输出端，分别是 OUT1～OUT7。如果输入端 IN*n* 为高电平，那么与该输入端对应的输出端 OUT*n* 为低电平；如果输入端 IN*n* 为低电平，那么与该输入端对应的输出端 OUT*n* 为高电平。

回到蜂鸣器的控制，如果想让蜂鸣器发出声音，则需要在 N_BUZZ 处输出低电平；如果想要关闭蜂鸣器，则需要在 N_BUZZ 处输出高电平。

因为 N_BUZZ 连接 ULN2003 的 OUT7，其输出电平受 IN7 的控制，而 IN7 与 M74HC573M1R 的 Q7（13 号引脚）相连，所以根据第 3 章所学的内容，想要在 N_BUZZ 处输出高电平，需要先使能 M74HC573M1R（U9），然后通过 P0.6 引脚控制 Q7，进而控制 N_BUZZ。

M74HC573M1R 的使用在第 3 章中已经学习过，这里不再赘述。下面是与其相关的电路图，如图 4-3 和图 4-4 所示。

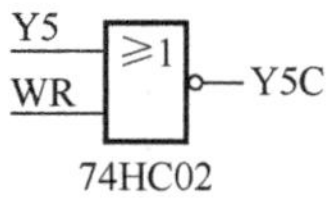

图 4-3　与蜂鸣器和继电器相关的或非门电路图

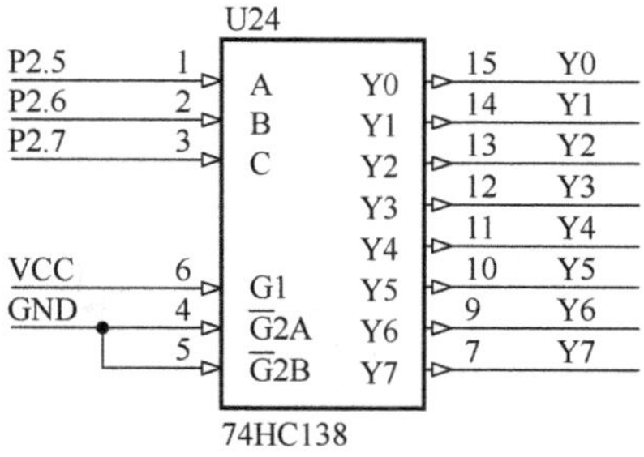

图 4-4　74HC138 电路图

通过第 3 章的学习，由 P2.7、P2.6、P2.5 三个引脚控制 74HC138 的输出，使输出 Y5 为低电平，通过或非门后，Y5C 为高电平，使能 M74HC573M1R（U9）。通过 P0 口控制相关引脚的电平状态，并最终通过 ULN2003 控制蜂鸣器。

其中，蜂鸣器受 P0.6 引脚的控制，继电器受 P0.4 引脚的控制。

继电器部分电路图及相关 LED 电路图如图 4-5 和图 4-6 所示。

从图 4-5 中可以看出，继电器部分受 N_RELAY 电平状态的影响，当 N_RELAY 为低电平时，继电器闭合，K1 与 m2 端口相连；当 N_RELAY 为高电平时，继电器断开。

从图 4-6 中可以看出，当继电器闭合，即 m2 接地后，LED10 会点亮；当继电器断开后，m2 断路，LED10 会熄灭，因此，可以用 LED10 的亮灭来指示继电器的状态。

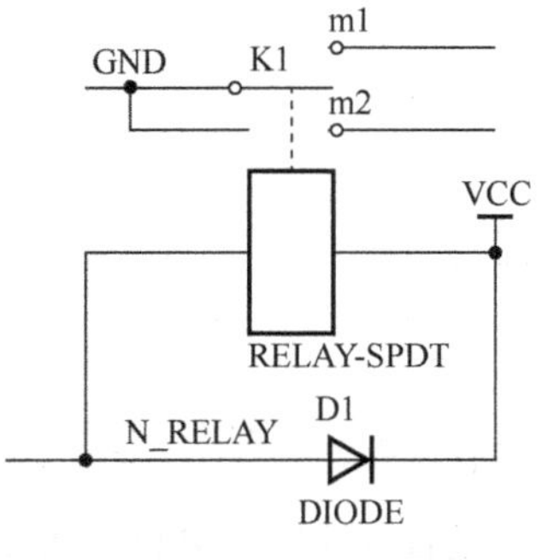

图 4-5　继电器部分电路图

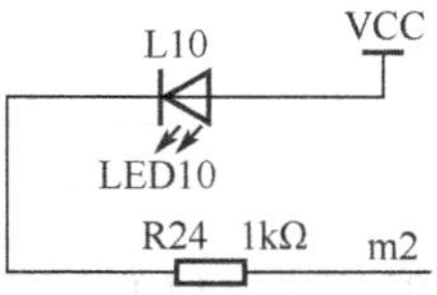

图 4-6　继电器相关 LED 电路图

4.2　项目分析

4.2.1　项目要求

首先，8 个 LED 闪烁 3 次后熄灭；接着，按 LED1～LED8 的顺序依次点亮；然后，闭合继电器一段时间，按 LED1 至 LED8 的顺序依次熄灭；最后，蜂鸣器发声一段时间后停止。循环该过程。

4.2.2 流程分析

控制蜂鸣器与继电器的软件流程图如图 4-7 所示。

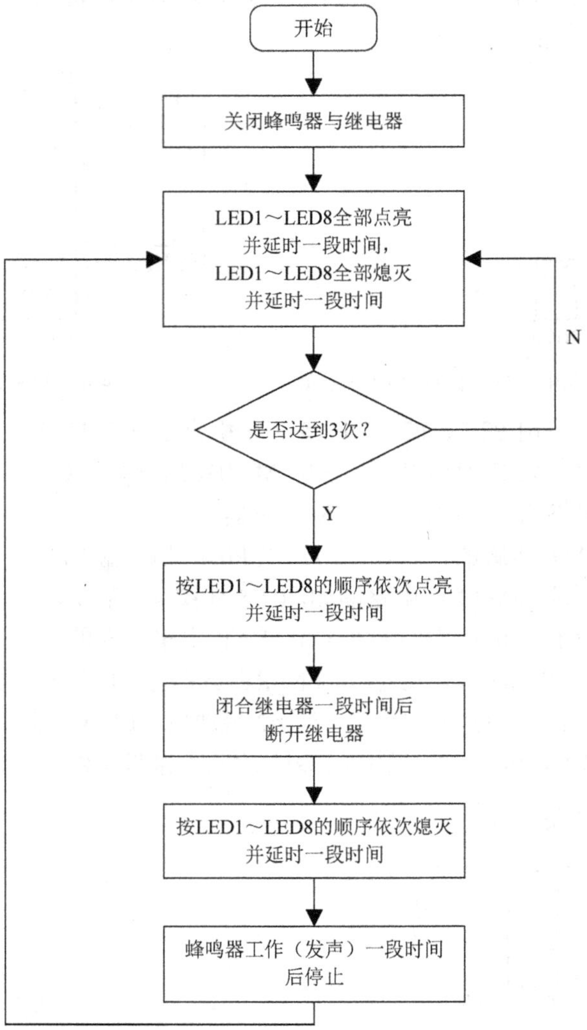

图 4-7 控制蜂鸣器与继电器的软件流程图

要想使用 P0 口控制 LED，需要先使能锁存器，即通过控制 P2.7、P2.6、P2.5 三个引脚的电平状态来使能控制 LED 的 M74HC573M1R（U6）。同理，通过控制 P2.7、P2.6、P2.5 三个引脚的电平状态来使能控制蜂鸣器与继电器的 M74HC573M1R（U9）。

使能 M74HC573M1R（U6）后，便可使用 P0 口控制 LED。

使能 M74HC573M1R（U9）后，便可使用 P0 口控制蜂鸣器与继电器的开关。

4.2.3 参考代码分析

项目要求程序运行后先关闭蜂鸣器与继电器，使能相关锁存器后，通过 P0 口的对应引脚控制继电器与蜂鸣器的开关。其中，P0.4 引脚控制继电器，P0.6 引脚控制蜂鸣器，其对应关系如表 4-1 所示。

表 4-1　蜂鸣器、继电器与控制引脚电平输出关系表

引脚	输出电平状态	蜂鸣器	继电器
P0.4	0	X	断开
	1	X	工作（闭合）
P0.6	0	关闭	X
	1	开启（发声）	X

从表 4-1 中可以看出，如果要关闭蜂鸣器、继电器，则需要使 P0.4 与 P0.6 引脚的输出为 0。

参考代码如下：

```
HC138_select(5);
P0 = 0;
```

本项目中有关 LED 的控制代码请参考第 3 章。

本项目要求先闭合继电器，等待一段时间再断开，参考代码如下：

```
HC138_select(5);
P0 = 1<<4;
Delay(60000);
P0 &= ~(1<<4);
```

同理，本项目要求先闭合蜂鸣器，等待一段时间再断开，参考代码如下：

```
HC138_select(5);
P0 = 1<<6;
Delay(60000);
Delay(60000);
Delay(60000);
Delay(60000);
P0 &= ~(1<<6);
```

4.3　本例代码

main.c 文件中的代码如下：

```
#include <stc15.h>
void HC138_select(unsigned char pos)
{
    switch(pos)
    {
        case 4://LED
            P2 = (P2&0X1F)|0X80;
            break;
        case 5://BUZZ
            P2 = (P2&0X1F)|0XA0;
            break;
        case 6:
            P2 = (P2&0X1F)|0XC0;
```

```
            break;
        case 7:
            P2 = (P2&0X1F)|0XE0;
            break;
        default:
            P2 = (P2&0X1F);
        break;
    }
}

void Delay(unsigned int t)
{
    unsigned int k,l,m;
    k=l=m=t;
    while(t--);
    while(k--);
    while(l--);
    while(m--);
}

void main(void)
{
    unsigned char i,j;
    HC138_select(5);
    P0 = 0;
    while(1)
    {
        HC138_select(4);
        for(i=0;i<3;i++)
        {
            P0 = 0X00;
            Delay(60000);
            P0 = 0XFF;
            Delay(60000);
        }
        for(j=1;j<=8;j++)
        {
            P0 = (0XFF<<j);
            Delay(60000);
        }

        HC138_select(5);
        P0 = 1<<4;
        Delay(60000);
        P0 &= ~(1<<4);

        HC138_select(4);
        for(j=1;j<=8;j++)
        {
            P0 = ~(0XFF<<j);
            Delay(60000);
            Delay(60000);
```

```
        }

        HC138_select(5);
        P0 = 1<<6;
        Delay(60000);
        Delay(60000);
        Delay(60000);
        Delay(60000);
        P0 &= ~(1<<6);
    }
}
```

思考与练习

1．请查询资料，说明有源蜂鸣器与无源蜂鸣器的区别。

2．请简述 ULN2003 的使用方法。

第 5 章　数码管显示

本章学习数码管的显示操作，以数码管的静态显示、动态显示控制为载体，进一步了解 CT107D 开发平台上数码管的使用方法。

5.1　基础知识

数码管是通过 LED 工作的，而我们主要通过搭配数码管上的 LED 来显示需要的字符。数码管按段数分为 7 段数码管和 8 段数码管，8 段数码管比 7 段数码管多 1 个 LED（小数点显示）；按 LED 连接方式分为共阳极数码管和共阴极数码管。

共阳极数码管是将所有 LED 的阳极连接在一起，形成公共阳极（COM 端，公共端）的数码管。共阳极数码管在应用时应将 COM 端接高电平，当某一字段 LED 的阴极为低电平时，相应字段就点亮；当某一字段 LED 的阴极为高电平时，相应字段就不亮。

共阴极数码管是将所有 LED 的阴极连接在一起，形成公共阴极（COM 端，公共端）的数码管。共阴极数码管在应用时应将 COM 端接地，当某一字段 LED 的阳极为高电平时，相应字段就点亮；当某一字段 LED 的阳极为低电平时，相应字段就不亮。

CT107D 开发平台上的数码管为共阳极数码管，是 8 段数码管。

数码管要正常工作，正常显示，就要用驱动电路来驱动其各个段码，从而显示出需要的数字。数码管根据驱动方式的不同可以分为静态式和动态式两类。

静态显示驱动也称直流驱动，是指每个数码管的每个段码都由一个单片机的 I/O 口来驱动。静态显示驱动的优点是编程简单，显示亮度高；缺点是占用 I/O 口多，如驱动 4 个数码管静态显示就需要 $4\times8=32$ 个 I/O 口，增加了硬件电路的复杂性。

数码管动态显示是单片机中应用较广泛的一种显示方式，动态显示驱动是指将所有数码管的 8 个段码 a、b、c、d、e、f、g、dp 的同名端连接在一起，并为每个数码管的 COM 端增加位选通控制电路，位选通由各自独立的 I/O 线进行控制。

当单片机输出字形码时，所有数码管都收到相同的字形码，但究竟是哪个数码管会显示出字形，取决于单片机对位选通 COM 端电路的控制，因此，只要将需要显示的数码管的选通控制打开，该数码管就能显示出字形，没有选通的数码管就不会亮。通过分时轮流控制各个数码管的 COM 端，可以使各个数码管轮流受控显示，这就是动态显示驱动。在轮流受控显示过程中，每个数码管的点亮时间都为 1～2ms，由于人的视觉暂留现象及 LED 的余晖效应，尽管实际上各个数码管不是同时点亮的，但是只要扫描的速度足够快，给人的印象就是一组稳定的显示数据，人不会感觉到闪烁，即动态显示的效果和静态显示的效果是一样的，但是动态显示能够节省大量的 I/O 口，功耗更低。

CT107D 开发平台上的数码管电路图如图 5-1～图 5-5 所示。

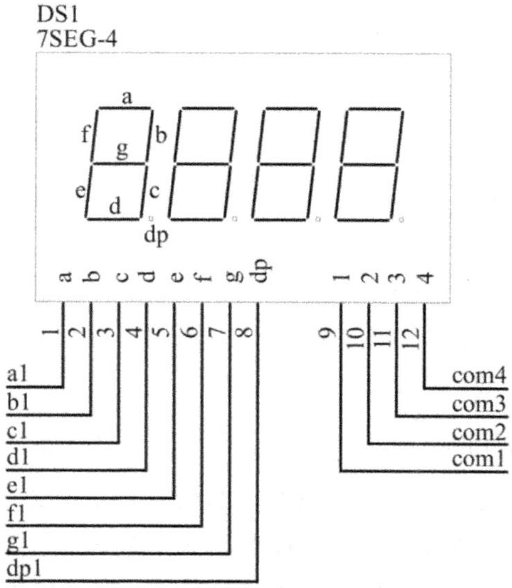

图 5-1　CT107D 开发平台上前 4 个数码管电路图

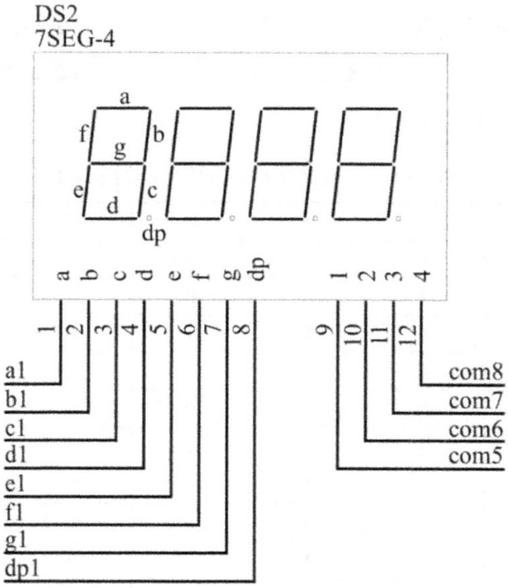

图 5-2　CT107D 开发平台上后 4 个数码管电路图

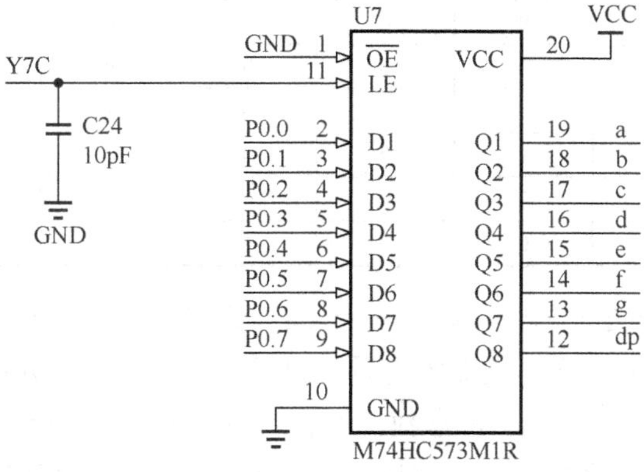

图 5-3　控制数码管段码的锁存器

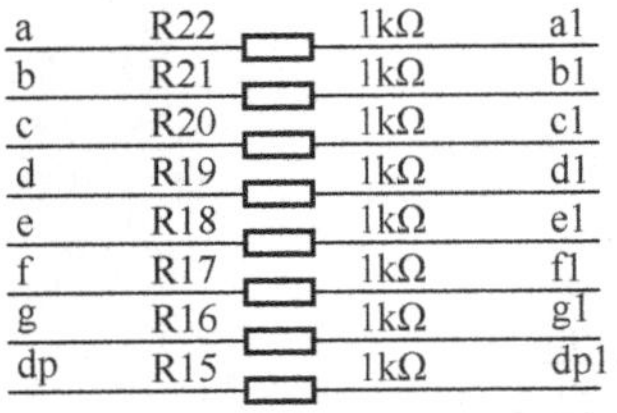

图 5-4 连接数码管各段码的引脚

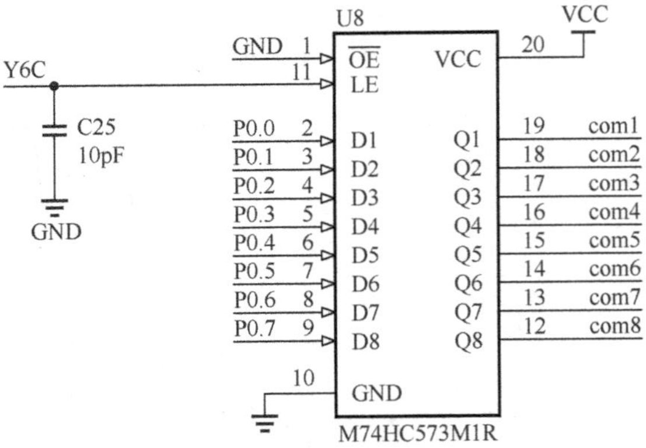

图 5-5 控制数码管位选通的锁存器

可以看出，CT107D 开发平台上总共有 8 个数码管，采用 2 个锁存器对单片机 P0 口的输出信号进行锁存，并增强信号驱动能力，进而驱动 8 个数码管。其中，U7 的锁存输入是段选，U8 的锁存输入是位选。与 LED、蜂鸣器、继电器类似，数码管在 I/O 模式（J13-2 和 J13-1 相连）下，也是受同一个译码器的控制的。

从图 5-1 和图 5-2 中可以看出，每个数码管都具有 8 个段码，分别标记为 a、b、c、d、e、f、g、dp，其受 P0 口的控制。因为 CT107D 开发平台上的数码管均为共阳极数码管，所以数码管部分段码值如表 5-1 所示。

表 5-1 8 段共阳极数码管部分段码值

字符	dp	g	f	e	d	c	b	a	段码值
	P0.7	P0.6	P0.5	P0.4	P0.3	P0.2	P0.1	P0.0	
0	1	1	0	0	0	0	0	0	0XC0
1	1	1	1	1	1	0	0	1	0XF9
2	1	0	1	0	0	1	0	0	0XA4
3	1	0	1	1	0	0	0	0	0XB0
4	1	0	0	1	1	0	0	1	0X99
5	1	0	0	1	0	0	1	0	0X92
6	1	0	0	0	0	0	1	0	0X82
7	1	1	1	1	1	0	0	0	0XF8
8	1	0	0	0	0	0	0	0	0X80
9	1	0	0	1	0	0	0	0	0X90
A	1	0	0	0	1	0	0	0	0X88
B	1	0	0	0	0	0	1	1	0X83
C	1	0	1	0	0	1	1	0	0XC6
D	1	0	1	0	0	0	0	1	0XA1
E	1	0	0	0	0	1	1	0	0X86
F	1	0	0	0	1	1	1	0	0X8E

下面介绍 51 单片机的一个关键字——code。定义变量时，一般用到 unsigned char 或 unsigned int 这两个关键字，这样定义的变量都是放在单片机的 RAM 中的，在程序中可以随意改变这个变量的值。但是还有一种常数，要在程序中使用它却不对其值做改变，对于这种值，可以加 code 关键字来修饰一下，这样，这个值就会存储到程序空间 Flash 中，可以大大

节省单片机 RAM 的使用量，节约 RAM 空间。

因此，在程序中，可以这样定义段码值：

```
unsigned char code SEG_CODE[16]
={0XC0,0XF9,0XA4,0XB0,0X99,0X92,0X82,0XF8,0X80,0X90,0X88,0X83,0XC6,0XA1,0X86,0X8E};
```

上述代码定义了一个名为 SEG_CODE 的数组，数组中按顺序记录了 0～9 和 A～F 的段码值，数码管如果需要显示相应字符，则只需按段码值显示的高低电平状态控制 P0 口的输出即可。例如，要显示字符“5”，只需将 SEG_CODE[5]的值（0X92）赋给 P0 口即可。

5.2　项目分析

5.2.1　项目要求一

静态显示项目：8 个数码管首先依次显示数字 0～9，然后 8 个数码管共同显示字符 0～9 和 A～F。循环该过程。

5.2.2　流程分析一

数码管静态显示的软件流程图如图 5-6 所示。

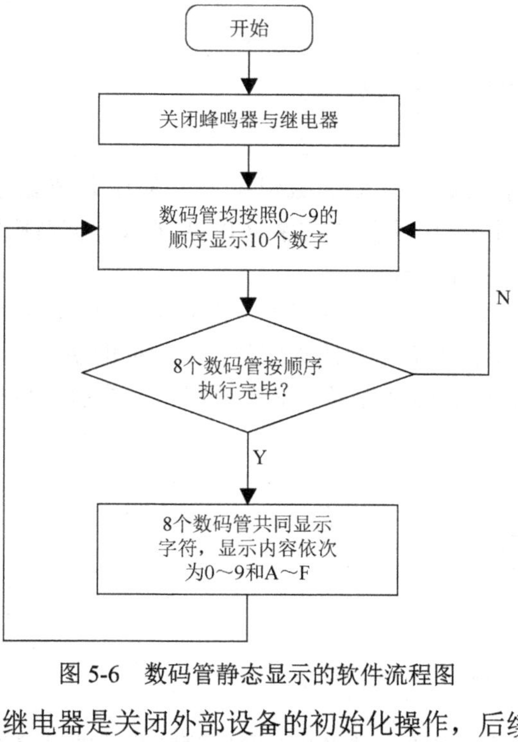

图 5-6　数码管静态显示的软件流程图

其中，关闭蜂鸣器与继电器是关闭外部设备的初始化操作，后续不再赘述。

单个数码管显示数字 0～9，总共有 8 个数码管，可以使用一个 for 循环来实现。

8 个数码管共同显示字符时，可以将选通控制全部打开，通过 P0 口控制 8 个数码管显示同样的字符。

5.2.3 参考代码分析一

实现单个数码管显示数字 0～9 的参考代码如下：

```
for(i=0;i<8;i++)
{
    HC138_select(6);
    P0 = 1<<i;
    HC138_select(7);
    for(j=0;j<10;j++)
    {
        P0 = SEG_CODE[j];
        Delay(60000);
    }
}
```

首先需要调用 HC138_select()函数，通过 74HC138 的输出使能 U8；然后对 8 个数码管的位选通信号进行设置，因为是共阳极数码管，公共端为高电平表示被选中，所以在 for 循环中，使用 P0 = 1<<i 进行设置，依次设置每个数码管的位选通信号，使该数码管被选中。

选中数码管后，调用 HC138_select()函数，通过 74HC138 的输出使能 U7，这样便可以通过 P0 口控制数码管显示的内容了。因为要显示 0～9 共 10 个字符，所以可以使用 for 循环来实现：

```
for(j=0;j<10;j++)
{
    P0 = SEG_CODE[j];
    Delay(60000);
}
```

每个数码管都将根据 SEG_CODE 数组中存储的段码值显示相应字符，因此只需将 SEG_CODE 数组的 0～9 共计 10 个元素与字符 0～9 的段码值对应即可。参考代码如下：

```
unsigned char code SEG_CODE[16]
={0XC0,0XF9,0XA4,0XB0,0X99,0X92,0X82,0XF8,0X80,0X90,0X88,0X83,0XC6,0XA1,0X86,0X8E};
```

还有一个功能需要实现，即 8 个数码管同时显示同样的字符，即 0～9 和 A～F 共计 16 个字符，每次均需要按顺序将这 16 个字符在 8 个数码管上显示。参考代码如下：

```
HC138_select(6);
P0 = 0XFF;

HC138_select(7);
for(j=0;j<16;j++)
{
    P0 = SEG_CODE[j];
    Delay(60000);
}
```

8 个数码管要同时显示，需要同时将 8 个数码管的公共端设置为高电平，即同时选中 8 个数码管。数码管的选中操作需要先使能 U8，再通过 P0 口进行设置。

同时选中 8 个数码管后，参考前面的数码管显示代码，因为 SEG_CODE 数组中的各元素就是按照项目要求的顺序存储 0～9 和 A～F 的段码值的，所以只需将该数组的值赋给 P0 口即可。这样，8 个数码管就会同时显示 0～9 和 A～F 共计 16 个字符。

5.2.4　项目要求二

动态显示项目：在 8 个数码管中，前 4 个显示“SU--”，后 4 个从 0000 开始计数，每隔一段时间累加 1，后 4 个要显示出累加的结果。

5.2.5　流程分析二

数码管动态显示的软件流程图如图 5-7 所示。

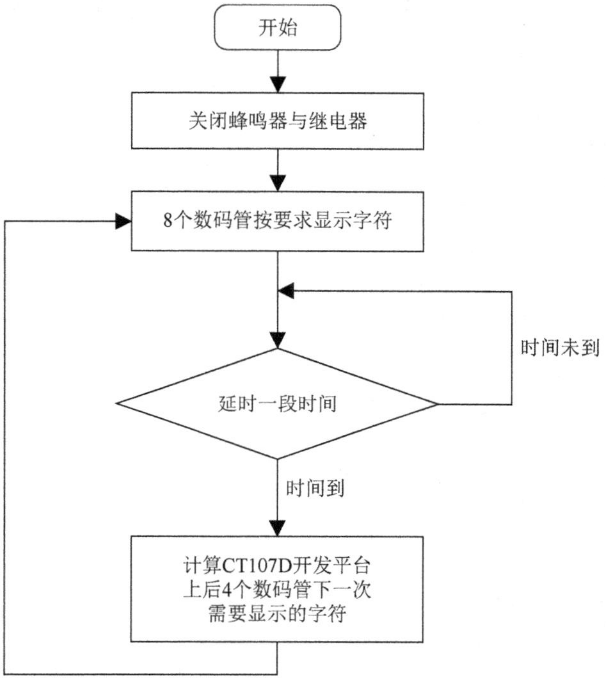

图 5-7　数码管动态显示的软件流程图

8 个数码管每隔一段时间就需要全部刷新一遍数据。在每一遍刷新中，每个数码管的延时时间需要妥善调节，延时过大或过小都会影响数码管的显示效果。

5.2.6　参考代码分析二

在动态显示中，要控制 8 个数码管中的 1 个，可以通过位选通端实现。因此，通过以下代码，可以控制 8 个数码管中的 1 个显示字符：

```
void Seg_DisplayBit(unsigned char pos,unsigned char dat)
{
        HC138_select(6);
        P0 = 1<<(pos-1);
        HC138_select(7);
        P0 = dat;
}
```

在上述代码中，自定义了一个名为 Seg_DisplayBit 的函数，该函数的参数有两个，pos 指的是 8 个数码管的具体位，8 个数码管按照从左到右的顺序分别为 1～8。

假设现在要使第 2 个数码管显示特定字符，那么需要先选中第 2 个数码管，即将需要显示的数码管的选通控制打开。

请结合图 5-1 和图 5-5 中的电路图仔细理解代码的含义，先通过 HC138_select(6)函数使能 U8，然后设置 P0＝1<<(pos−1)，即 P0＝1<<(2−1)，用于打开第 2 个数码管的选通控制（其他数码管的选通控制是关闭的）。此时，通过 HC138_select(7)函数使能 U7，使能后，将需要显示的字符的段码值（Seg_DisplayBit()函数的另一个参数 dat）赋给 P0 口（P0=dat），即可使第 2 个数码管显示该字符。

上面的函数为控制某个数码管显示字符的函数，通过基础知识中的分析可知，如果分时轮流控制各个数码管的 COM 端，就能使各个数码管轮流受控显示。动态显示代码如下：

```
void Seg_running(void)
{
    Seg_DisplayBit(1,0X92);//S
    DelaySeg(SEGNUM);
    Seg_DisplayBit(2,0XC1);//U
    DelaySeg(SEGNUM);
    Seg_DisplayBit(3,0XBF);//-
    DelaySeg(SEGNUM);
    Seg_DisplayBit(4,0XBF);//-
    DelaySeg(SEGNUM);

    Seg_DisplayBit(5,SEG_CODE[b5]);
    DelaySeg(SEGNUM);
    Seg_DisplayBit(6,SEG_CODE[b6]);
    DelaySeg(SEGNUM);
    Seg_DisplayBit(7,SEG_CODE[b7]);
    DelaySeg(SEGNUM);
    Seg_DisplayBit(8,SEG_CODE[b8]);
    DelaySeg(SEGNUM);
}
```

本项目要求 8 个数码管的前 4 个始终显示“SU--”，后 4 个从 0000 开始增加，并显示结果。通过自定义函数 Seg_running()实现该功能，并在该函数中调用 Seg_DisplayBit()函数，实现从左到右 8 个数码管依次刷新的功能，每个数码管的控制间需要加入一定的延时。

其中，第 5～8 个数码管显示的字符分别受变量 b5～b8 的影响，b5～b8 分别表示数码管的后 4 个显示数字的千位、百位、十位、个位。b5～b8 的计算代码如下：

```
void main(void)
{
    unsigned int cnt,temp;

    HC138_select(5);
    P0 = 0;
    b5=b6=b7=b8=0;
    cnt =0;
    temp =0;

    while(1)
    {
      Delay(500);
        cnt++;
```

```
        temp = cnt;
        b5 = (temp/1000)%10;
        b6 = (temp/100)%10;
        b7 = (temp/10)%10;
        b8 = (temp/1)%10;
        Seg_running();
    }
}
```

在 main()函数的主循环中，需要显示的数字存放在 temp 变量中，每延时一段时间，变量 cnt 就加一，此时需要显示的数字就是 cnt 的值，因此将 cnt 变量的值赋给 temp 变量。计算 temp 变量的千位、百位、十位、个位，将其转换为段码值，并调用 Seg_DisplayBit()函数显示出来。

5.3　本例代码

在数码管静态显示项目中，main.c 文件中的代码如下：

```
#include <stc15.h>
unsigned char code SEG_CODE[16]
={0XC0,0XF9,0XA4,0XB0,0X99,0X92,0X82,0XF8,0X80,0X90,0X88,0X83,0XC6,0XA1,0X86,0X8E};

void HC138_select(unsigned char pos)
{
    switch(pos)
    {
        case 4://LED
            P2 = (P2&0X1F)|0X80;
            break;
        case 5://BUZZ
            P2 = (P2&0X1F)|0XA0;
            break;
        case 6://SEG-COM
            P2 = (P2&0X1F)|0XC0;
            break;
        case 7://SEG-a-dp
            P2 = (P2&0X1F)|0XE0;
            break;
        default:
            P2 = (P2&0X1F);
        break;
    }
}


void Delay(unsigned int t)
{
    unsigned int k,l,m;
    k=l=m=t;
    while(t--);
    while(k--);
```

```
    while(l--);
    while(m--);
}

void main(void)
{
    unsigned char i,j;
    HC138_select(5);
    P0 = 0;
    while(1)
    {
        for(i=0;i<8;i++)
        {
            HC138_select(6);
            P0 = 1<<i;
            HC138_select(7);
            for(j=0;j<10;j++)
            {
                P0 = SEG_CODE[j];
                Delay(60000);
            }
        }
        Delay(60000);
        HC138_select(6);
        P0 = 0XFF;

        HC138_select(7);
        for(j=0;j<16;j++)
        {
            P0 = SEG_CODE[j];
            Delay(60000);
        }
    }
    }
```

在数码管动态显示项目中，main.c 文件中的代码如下：

```
#include <stc15.h>
unsigned char SEG_CODE[16]
={0XC0,0XF9,0XA4,0XB0,0X99,0X92,0X82,0XF8,0X80,0X90,0X88,0X83,0XC6,0XA1,0X86,0X8E};
//0 1 2 3 4 5 6 7 8 9 A B C D E F
unsigned char b5,b6,b7,b8;

void HC138_select(unsigned char pos)
{
    switch(pos)
    {
        case 4://LED
            P2 = (P2&0X1F)|0X80;
            break;
        case 5://BUZZ
            P2 = (P2&0X1F)|0XA0;
            break;
```

```
        case 6://SEG-COM
            P2 = (P2&0X1F)|0XC0;
            break;
        case 7://SEG-a-dp
            P2 = (P2&0X1F)|0XE0;
            break;
        default:
            P2 = (P2&0X1F);
        break;
    }
}

void Seg_running(void);
void Delay(unsigned int t)
{
    while(t--)
    {
        Seg_running();
    }
}
void Seg_running(void);

void DelaySeg(unsigned int times)
{
        while (times--);
}

void Seg_DisplayBit(unsigned char pos,unsigned char dat)
{
        HC138_select(6);
        P0 = 1<<(pos-1);
        HC138_select(7);
        P0 = dat;
}
#define SEGNUM 300

void Seg_running(void)
{
        Seg_DisplayBit(1,0X92);//S
        DelaySeg(SEGNUM);
        Seg_DisplayBit(2,0XC1);//U
        DelaySeg(SEGNUM);
        Seg_DisplayBit(3,0XBF);//-
        DelaySeg(SEGNUM);
        Seg_DisplayBit(4,0XBF);//-
        DelaySeg(SEGNUM);

        Seg_DisplayBit(5,SEG_CODE[b5]);
        DelaySeg(SEGNUM);
        Seg_DisplayBit(6,SEG_CODE[b6]);
        DelaySeg(SEGNUM);
        Seg_DisplayBit(7,SEG_CODE[b7]);
```

```
        DelaySeg(SEGNUM);
       Seg_DisplayBit(8,SEG_CODE[b8]);
        DelaySeg(SEGNUM);
}

void main(void)
{
    unsigned int cnt,temp;

    HC138_select(5);
    P0 = 0;
    b5=b6=b7=b8=0;
    cnt =0;
    temp =0;

    while(1)
    {
       Delay(500);
        cnt++;
        temp = cnt;
        b5 = (temp/1000)%10;
        b6 = (temp/100)%10;
        b7 = (temp/10)%10;
        b8 = (temp/1)%10;
        Seg_running();
    }
    }
```

思考与练习

1．在本章的动态显示代码的 8 个数码管的刷新中，每个数码管均使用 DelaySeg(SEGNUM)函数进行延时，请对该函数的参数 SEGNUM 进行调整，观察数码管的显示效果有什么变化。

2．在 CT107D 开发平台上的 8 段共阳极数码管中，“A”“L”“H”“P.”的段码值分别是多少？

第 6 章　独立按键程序设计

本章学习使用独立按键，通过本章的学习，读者可以掌握 CT107D 开发平台上独立按键的使用方法。

6.1　基础知识

CT107D 开发平台的左下方有 4×4 共计 16 个按键，这些按键可以根据 J5 的选择，变为独立按键或矩阵按键。本章介绍独立按键，即 J5-2 与 J5-3 相连，变为由 S4～S7 组成的 4 个独立按键。

CT107D 开发平台上的独立按键电路图如图 6-1 所示。

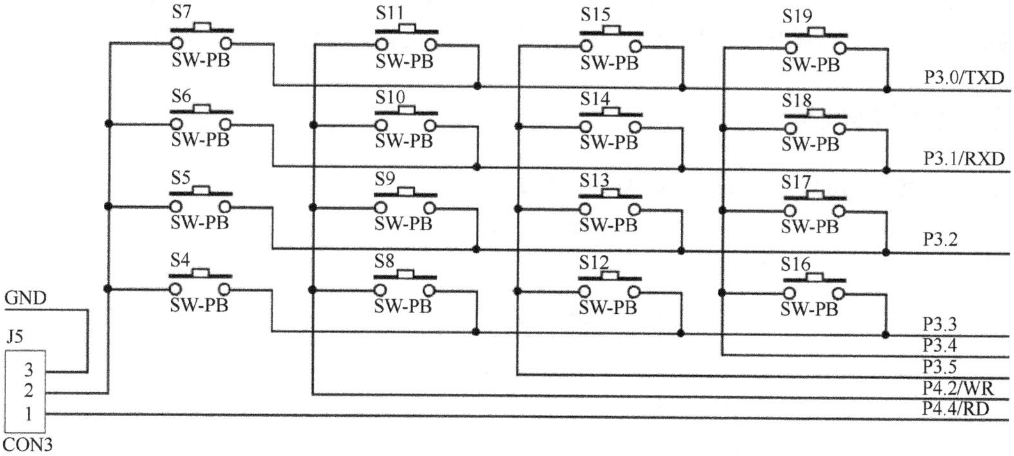

图 6-1　CT107D 开发平台上的独立按键电路图

从图 6-1 中可以看出，J5-2 与 J5-3 相连后，S4～S7 的左侧均接地，右侧分别与 P3.3～P3.0 引脚相连。下面以 S4 为例进行分析，当按键被按下（闭合）时，P3.3 引脚与 GND 接通，此时 P3.3 引脚为低电平；反之，当按键未被按下（断开）时，P3.3 引脚为高电平。因此，通过检测 P3.3 引脚的电平状态即可判断 S4 是否闭合。

因此，在独立按键模式下，通过检测 P3.3～P3.0 引脚的电平状态，即可判断按键的状态，具体参数如表 6-1 所示。

表 6-1　独立按键模式下引脚的电平状态参数

引脚	检测电平	S7	S6	S5	S4
P3.0	高电平	断开	X	X	X
	低电平	闭合	X	X	X
P3.1	高电平	X	断开	X	X
	低电平	X	闭合	X	X
P3.2	高电平	X	X	断开	X
	低电平	X	X	闭合	X

续表

引脚	检测电平	S7	S6	S5	S4
P3.3	高电平	X	X	X	断开
	低电平	X	X	X	闭合

6.2 项目分析

6.2.1 项目要求

将 CT107D 开发平台上的按键设置为独立按键，即 J5 处的跳线帽连接 2、3 号引脚，即“BTN”。

闭合 S7，点亮 LED7，且数码管第 7 位显示数字 7，指示 S7 闭合；断开 S7 后，LED7 熄灭，数码管第 7 位不显示。闭合 S6，点亮 LED6，且数码管第 6 位显示数字 6，指示 S6 闭合；断开 S6 后，LED6 熄灭，数码管第 6 位不显示。闭合 S5，点亮 LED5，且数码管第 5 位显示数字 5，指示 S5 闭合；断开 S5 后，LED5 熄灭，数码管第 5 位不显示。闭合 S4，点亮 LED4，且数码管第 4 位显示数字 4，指示 S4 闭合；断开 S4 后，LED4 熄灭，数码管第 4 位不显示。

6.2.2 流程分析

独立按键控制的软件流程图如图 6-2 所示。

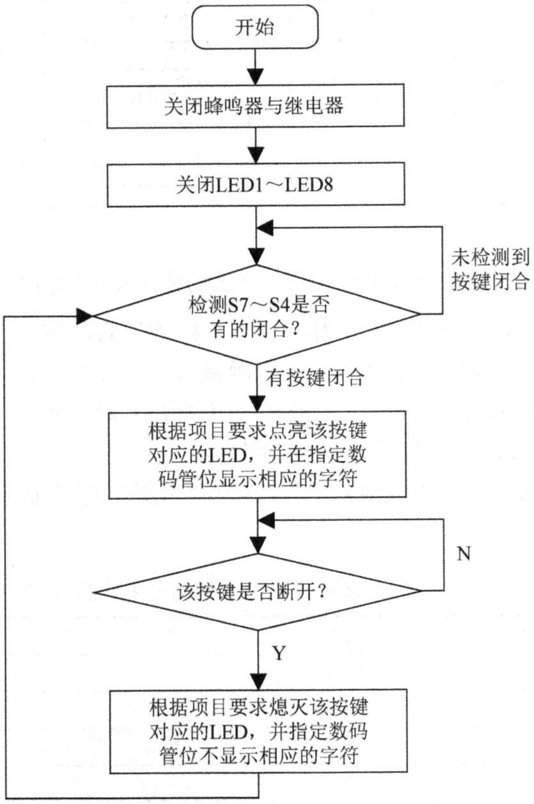

图 6-2　独立按键控制的软件流程图

通过检测独立按键对应引脚的电平状态来判断按键是否闭合。如果按键闭合，就控制对应的 LED 及数码管。

6.2.3　参考代码分析

本章的重点是如何判断独立按键是否闭合，由表 6-1 可知，在 CT107D 开发平台上，独立按键闭合后，其对应的单片机引脚会变为低电平。检测部分代码如下：

```
sbit S7 = P3^0;

if(S7==0)
{
    Delay(200);
    if(S7==0)
    {
        HC138_select(4);
        P0 &= ~(1<<6);
        while(S7==0)
        {
            Seg_DisplayBit(7,SEG_CODE[7]);
            Delay(200);
        }
        Seg_DisplayBit(1,0XFF);
        HC138_select(4);
        P0  |= (1<<6);
 }
```

上述代码以 S7 为例，其对应的单片机引脚为 P3.0。

sbit 是定义特殊功能寄存器的位变量。

在 C 语言中，如果直接写 P3.0，那么 C 编译器并不能识别，而且 P3.0 也不是一个合法的 C 语言变量名，因此得给它另起一个名字，这里给它起的名字为 S7，可是 S7 是不是就是 P3.0 呢？C 编译器可不这么认为，因此必须给它们建立联系，这里使用 Keil C51 的关键字 sbit 来定义。举例如下：

```
sbit S7 = P3^0;
```

这样就为 S7 与 P3.0 建立了联系。

在上面的代码中，通过检测 P3.0 引脚的电平状态来判断按键是断开还是闭合。在第一次检测到按键闭合后，为了消除机械按键抖动造成的影响，必须进行消抖处理。

机械按键闭合或断开时，由于机械弹性作用的影响，总是伴随一定时间的触点机械抖动，之后触点才稳定下来。在抖动期间，触点的连接状态、导电特性都不稳定，接口信号的电平也不稳定，其时长与按键的机械特性有关，一般小于 20ms。与处理速度为微秒级的单片机相比，这种机械抖动是不可忽略的。如果在触点抖动期间进行按键的检测，则可能会导致判断错误。因此，为了避免由按键触点机械抖动导致的检测误判，需要进行相应的消抖处理。

此处使用软件消抖的方式，即在第一次检测到按键闭合后，等待一段时间，再次进行检测，如果此时检测到按键仍处于闭合状态，则认为按键确实闭合了。上述代码中的按键消抖处理代码如下：

```
    if(S7==0)//第一次检测到按键闭合
    {
        Delay(200);//延时一段时间
        if(S7==0)//第二次检测到按键闭合
        {
          //按键确实闭合
        }
    }
```

确定按键闭合后，点亮对应的 LED，并在按键维持闭合状态期间，始终在对应的数码管位显示相应的字符。当按键断开后，熄灭数码管及 LED，实现上述功能的代码如下：

```
            HC138_select(4);
            P0 &= ~(1<<6);
            while(S7==0)
            {
                Seg_DisplayBit(7,SEG_CODE[7]);
                Delay(200);
            }
            Seg_DisplayBit(1,0XFF);
            HC138_select(4);
            P0  |= (1<<6);
```

本节以 S7 为例分析了实现项目要求的代码，S6～S4 同理分析可得。注意：在控制 LED 及数码管时，只需根据项目要求选择对应的 LED 及数码管即可。

6.3 本例代码

main.c 文件中的代码如下：

```
#include <stc15.h>
unsigned char SEG_CODE[16]
={0XC0,0XF9,0XA4,0XB0,0X99,0X92,0X82,0XF8,0X80,0X90,0X88,0X83,0XC6,0XA1,0X86,0X8E};
//0 1 2 3 4 5 6 7 8 9 A B C D E F

sbit S7 = P3^0;
sbit S6 = P3^1;
sbit S5 = P3^2;
sbit S4 = P3^3;

void HC138_select(unsigned char pos)
{
    switch(pos)
    {
        case 4://LED
            P2 = (P2&0X1F)|0X80;
            break;
        case 5://BUZZ
            P2 = (P2&0X1F)|0XA0;
            break;
        case 6://SEG-COM
            P2 = (P2&0X1F)|0XC0;
```

```
            break;
        case 7://SEG-a-dp
            P2 = (P2&0X1F)|0XE0;
            break;
        default:
            P2 = (P2&0X1F);
        break;
    }
}

void Delay(unsigned int t)
{
    while(t--);
}

void DelaySeg(unsigned int times)
{
    while (times--);
}

void Seg_DisplayBit(unsigned char pos,unsigned char dat)
{
     HC138_select(6);
     P0 = 1<<(pos-1);
     HC138_select(7);
     P0 = dat;
}

void Key_BTN_Scan(void)
{
    if(S7==0)
    {
        Delay(200);
        if(S7==0)
        {
            HC138_select(4);
            P0 &= ~(1<<6);
            while(S7==0)
            {
                Seg_DisplayBit(7,SEG_CODE[7]);
                Delay(200);
            }
            Seg_DisplayBit(7,0XFF);
            HC138_select(4);
            P0  |= (1<<6);
     }
    }
    if(S6==0)
    {
        Delay(200);
        if(S6==0)
        {
```

```
            HC138_select(4);
            P0 &= ~(1<<5);
            while(S6==0)
            {
                Seg_DisplayBit(6,SEG_CODE[6]);
                Delay(200);
            }
            Seg_DisplayBit(6,0XFF);
            HC138_select(4);
            P0 |= (1<<5);
        }
      }
    if(S5==0)
    {
        Delay(200);
        if(S5==0)
        {
            HC138_select(4);
            P0 &= ~(1<<4);
            while(S5==0)
           {
                Seg_DisplayBit(5,SEG_CODE[5]);
                Delay(200);
            }
            Seg_DisplayBit(5,0XFF);
            HC138_select(4);
            P0 |= (1<<4);
        }
    }
    if(S4==0)
    {
        Delay(200);
        if(S4==0)
        {
            HC138_select(4);
            P0 &= ~(1<<3);
            while(S4==0)
            {
                Seg_DisplayBit(4,SEG_CODE[4]);
                Delay(200);
            }
            Seg_DisplayBit(4,0XFF);
            HC138_select(4);
            P0 |= (1<<3);
        }
    }
}

void main(void)
{
    HC138_select(5);
    P0 = 0;
```

```
    HC138_select(4);
    P0 = 0XFF;
    while(1)
    {
      Key_BTN_Scan();
    }
}
```

思考与练习

使用跳线帽将 J5 处的 2、3 号引脚相连，使得 S4～S7 为独立按键。

请编写代码实现如下功能。

S7 作为总开关，每闭合一次 S7，系统的 LED 状态就在“可控”与“不可控”之间切换。其中，LED7 点亮、LED8 熄灭表示“可控”，LED7 熄灭、LED8 点亮表示“不可控”。在不可控状态下，S6～S4 无反应。在可控状态下，每闭合一次 S6，熄灭的 LED1～LED6 中的最小编号的 LED 将点亮，LED 全点亮后，S6 不起作用；每闭合一次 S5，点亮的 LED1～LED6 中的最大编号的 LED 将熄灭，LED 全熄灭后，S5 不起作用；每闭合一次 S4，LED 全熄灭。

第 7 章　矩阵按键程序设计

7.1　基础知识

矩阵按键是单片机外部设备中使用的排布类似矩阵的键盘。在键盘中，当按键数量较多时，为了减少 I/O 口的占用，通常将按键排列成矩阵形式。在矩阵按键中，每条水平线（行线）和垂直线（列线）交叉处不直接连通，而是通过一个按键加以连接。这样，一个端口（如 P0 口）就可以构成 4×4，即 16 个按键，比直接将端口用于按键的数量多出一倍，而且线数越多，区别越明显。由此可见，当按键数量较多时，采用矩阵按键是比较合理的。

矩阵按键显然比独立按键复杂一些，识别也要复杂一些，将行线所接的单片机 I/O 口作为输入端，列线所接的 I/O 口作为输出端。当按键没有闭合时，所有的输入端都是高电平。通过扫描矩阵按键，当某一行线所接的 I/O 口变为低电平时，通过判断列线对应的 I/O 口的电压来确定是哪一列按键闭合。也就是说，明确了行线上哪个输出为低电平，通过列线查找具体哪个按键闭合。

具体步骤如下。

（1）逐行输出为 0，检查列线是否全为高电平。

（2）如果某行线输出为 0，并且某列线不是全为高电平，则代表该行有按键闭合。

（3）根据输出为 0 的行线和输入为 0 的列线，即可判断闭合按键的位置。

CT107D 开发平台上的矩阵按键电路图如图 7-1 所示。

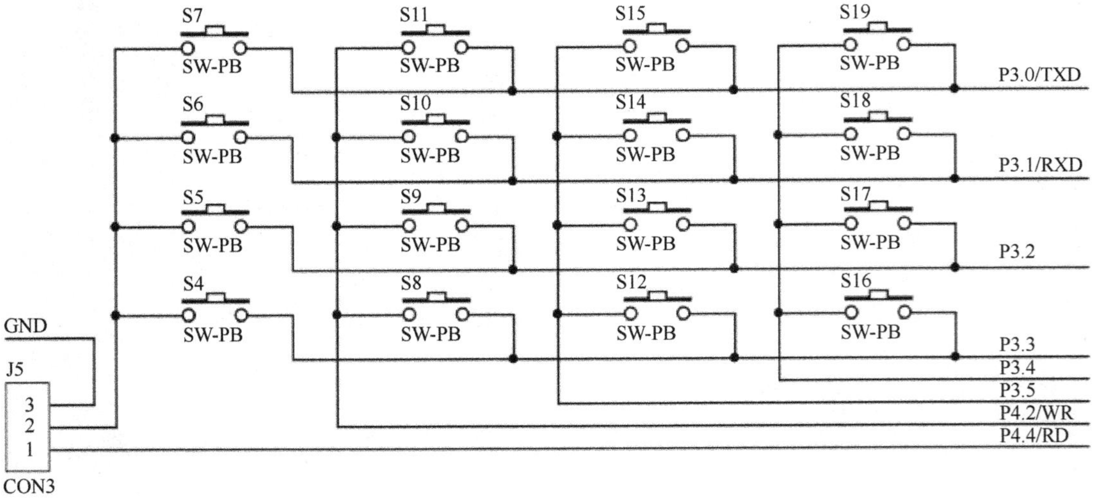

图 7-1　CT107D 开发平台上的矩阵按键电路图

前面提到，J5 的 2、3 号引脚相连时为独立按键，而当 1、2 号引脚相连时为矩阵按键。S7～S4 的左侧均与 P4.4 引脚相连。

7.2　项目分析

7.2.1　项目要求

给矩阵按键的每个按键编号，编号规则如下。

如图 7-1 所示，矩阵按键第 1 行的 S7、S11、S15、S19 对应的按键编号分别为 0～3；矩阵按键第 2 行的 S6、S10、S14、S18 对应的按键编号分别为 4～7；矩阵按键第 3 行的 S5、S9、S13、S17 对应的按键编号分别为 8～11；矩阵按键第 4 行的 S4、S8、S12、S16 对应的按键编号分别为 12～15。

矩阵按键编号规则如表 7-1 所示。

表 7-1　矩阵按键编号规则

按键	S7	S11	S15	S19
编号	0	1	2	3
按键	S6	S10	S14	S18
编号	4	5	6	7
按键	S5	S9	S13	S17
编号	8	9	10	11
按键	S4	S8	S12	S16
编号	12	13	14	15

项目要求如下：在矩阵按键模式下，需要判断哪个按键闭合，之后在第 1 位数码管上显示该按键的编号。例如，闭合 S11，在第 1 位数码管上显示“1”。

7.2.2　流程分析

本项目的重点是如何检测矩阵按键的 16 个按键中是否有按键闭合。

在矩阵按键模式下，构成了 4×4 的阵列。

S7、S11、S15、S19 组成了第 1 行，它们的一端均与 P3.0 引脚相连。

S6、S10、S14、S18 组成了第 2 行，它们的一端均与 P3.1 引脚相连。

S5、S9、S13、S17 组成了第 3 行，它们的一端均与 P3.2 引脚相连。

S4、S8、S12、S16 组成了第 4 行，它们的一端均与 P3.3 引脚相连。

同时，S7～S4 组成了第 1 列，它们的一端均与 P4.4 引脚相连。

S11～S8 组成了第 2 列，它们的一端均与 P4.2 引脚相连。

S15～S12 组成了第 3 列，它们的一端均与 P3.5 引脚相连。

S19～S16 组成了第 4 列，它们的一端均与 P3.4 引脚相连。

使用位变量声明关键字 sbit 对上述涉及的单片机引脚进行位变量定义，代码如下：

```
sbit R1 = P3^0;
sbit R2 = P3^1;
sbit R3 = P3^2;
sbit R4 = P3^3;
sbit C1 = P4^4;
sbit C2 = P4^2;
```

```
    sbit C3 = P3^5;
    sbit C4 = P3^4;
```

将 R1～R4 其中 1 个设置为低电平、其余 3 个设置为高电平，通过判断 C1～C4 的电平状态，就能判断出具体哪个按键闭合。

本项目软件流程图如图 7-2 所示。

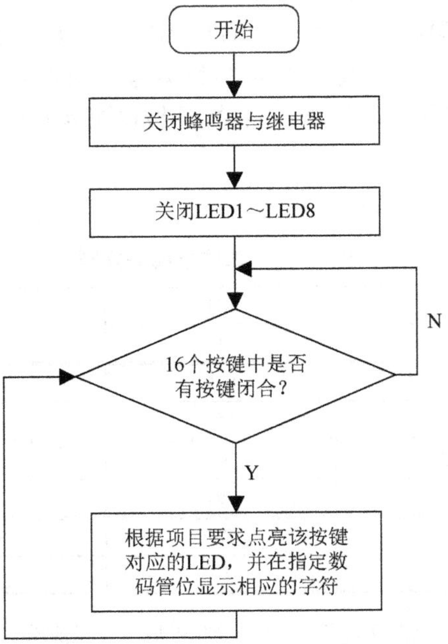

图 7-2　本项目软件流程图

7.2.3　参考代码分析

参考代码如下：

```
unsigned char keynum = 0;
sbit R1 = P3^0;
sbit R2 = P3^1;
sbit R3 = P3^2;
sbit R4 = P3^3;
sbit C1 = P4^4;
sbit C2 = P4^2;
sbit C3 = P3^5;
sbit C4 = P3^4;
void Key_Matrix_Scan(void)
{
    R1=0;
    R2=R3=R4=1;
    if(C1==0)
    {
        keynum = 0;
    }
    else if(C2==0)
    {
        keynum = 1;
```

```
}
else if(C3==0)
{
    keynum = 2;
}
else if(C4==0)
{
    keynum = 3;
}
R2=0;
R1=R3=R4=1;
if(C1==0)
{
    keynum = 4;
}
else if(C2==0)
{
    keynum = 5;
}
else if(C3==0)
{
    keynum = 6;
}
else if(C4==0)
{
    keynum = 7;
}
R3=0;
R2=R1=R4=1;
if(C1==0)
{
    keynum = 8;
}
else if(C2==0)
{
    keynum = 9;
}
else if(C3==0)
{
    keynum = 10;
}
else if(C4==0)
{
    keynum = 11;
}
R4=0;
R2=R3=R1=1;
if(C1==0)
{
    keynum = 12;
}
else if(C2==0)
```

```
    {
        keynum = 13;
    }
    else if(C3==0)
    {
        keynum = 14;
    }
    else if(C4==0)
    {
        keynum = 15;
    }
    Delay(10000);
}
```

上述代码首先定义了一个变量 keynum，用来存储识别出的按键编号。

第 1 步，让第 1 行的输入 R1 为 0，第 2～4 行的输入 R2～R4 均为 1，设置完成后，依次检测 C1～C4 是否为 0，如果为 0，则根据行、列号判断出哪个按键闭合，并将按键编号记录在变量 keynum 中。

第 2 步，让第 2 行的输入 R2 为 0，第 1、3、4 行的输入 R1、R3、R4 均为 1，设置完成后，依次检测 C1～C4 是否为 0，如果为 0，则根据行、列号判断出哪个按键闭合，并将按键编号记录在变量 keynum 中。

第 3 步，让第 3 行的输入 R3 为 0，第 1、2、4 行的输入 R1、R2、R4 均为 1，设置完成后，依次检测 C1～C4 是否为 0，如果为 0，则根据行、列号判断出哪个按键闭合，并将按键编号记录在变量 keynum 中。

第 4 步，让第 4 行的输入 R4 为 0，第 1～3 行的输入 R1～R3 均为 1，设置完成后，依次检测 C1～C4 是否为 0，如果为 0，则根据行、列号判断出哪个按键闭合，并将按键编号记录在变量 keynum 中。

至此，一轮矩阵按键的扫描就完成了。Key_Matrix_Scan()函数的作用就是检测矩阵按键中哪个按键闭合，且检测结果会存放在变量 keynum 中。

7.3 本例代码

main.c 文件中的代码如下：

```
#include <stc15.h>
unsigned char SEG_CODE[16]
={0XC0,0XF9,0XA4,0XB0,0X99,0X92,0X82,0XF8,0X80,0X90,0X88,0X83,0XC6,0XA1,0X86,0X8E};
//0 1 2 3 4 5 6 7 8 9 A B C D E F
unsigned char keynum = 0;
sbit R1 = P3^0;
sbit R2 = P3^1;
sbit R3 = P3^2;
sbit R4 = P3^3;
sbit C1 = P4^4;
sbit C2 = P4^2;
sbit C3 = P3^5;
sbit C4 = P3^4;
```

```
void HC138_select(unsigned char pos)
{
    switch(pos)
    {
        case 4://LED
            P2 = (P2&0X1F)|0X80;
        break;
        case 5://BUZZ
            P2 = (P2&0X1F)|0XA0;
        break;
        case 6://SEG-COM
            P2 = (P2&0X1F)|0XC0;
        break;
        case 7://SEG-a-dp
            P2 = (P2&0X1F)|0XE0;
        break;
        default:
            P2 = (P2&0X1F);
        break;
    }
}

void Delay(unsigned int t)
{
    while(t--);
}

void DelaySeg(unsigned int times)
{
        while (times--);
}

void Seg_DisplayBit(unsigned char pos,unsigned char dat)
{
      HC138_select(6);
      P0 = 0X01<<(pos-1);
      HC138_select(7);
      P0 = dat;
}

void Key_Matrix_Scan(void)
{
    R1=0;
    R2=R3=R4=1;
    if(C1==0)
    {
        keynum = 0;
    }
    else if(C2==0)
    {
        keynum = 1;
```

```
}
else if(C3==0)
{
    keynum = 2;
}
else if(C4==0)
{
    keynum = 3;
}
R2=0;
R1=R3=R4=1;
if(C1==0)
{
    keynum = 4;
}
else if(C2==0)
{
    keynum = 5;
}
else if(C3==0)
{
    keynum = 6;
}
else if(C4==0)
{
    keynum = 7;
}
R3=0;
R2=R1=R4=1;
if(C1==0)
{
    keynum = 8;
}
else if(C2==0)
{
    keynum = 9;
}
else if(C3==0)
{
    keynum = 10;
}
else if(C4==0)
{
    keynum = 11;
}
R4=0;
R2=R3=R1=1;
if(C1==0)
{
    keynum = 12;
}
else if(C2==0)
```

```
    {
        keynum = 13;
    }
    else if(C3==0)
    {
        keynum = 14;
    }
    else if(C4==0)
    {
        keynum = 15;
    }

    Seg_DisplayBit(1,SEG_CODE[keynum]);
    Delay(10000);
}

void main(void)
{
    HC138_select(5);
    P0 = 0;
    HC138_select(4);
    P0 = 0XFF;
    while(1)
    {
        Key_Matrix_Scan();
    }
}
```

思考与练习

1．请从代码优化的角度，试着重新编写矩阵按键扫描函数，要求代码尽可能精简。

2．通过对独立按键、矩阵按键的学习，请思考如何区分按键短按、长按抬起有效、长按超过规定时间即生效（不必抬起）。

第 8 章　中断处理程序设计

8.1　基础知识

8.1.1　中断的概念

中断系统是为使单片机具有对外界紧急事件的实时处理功能和多任务功能而设置的，当 CPU 正在处理某件事情时，发生了中断请求（可以是外部事件，也可以是内部事件），要求 CPU 暂停当前的工作，转去处理这个事件，处理完成后回到原来被中断的地方继续工作，这样的过程称为中断。中断类似程序设计中的子程序调用，区别在于这些触发中断的事件是随机发生的，而子程序调用则是程序设计人员预先安排好的。

中断源是指所有能够引起 CPU 中断的内部事件或外部事件。

中断源向 CPU 提出处理的请求称为中断请求。中断请求信号通常通过逻辑电平的某种形式进行表达，如低电平或下降沿等。发生中断时，被打断程序的暂停点称为断点。断点的本质实际上是程序暂停处的指令代码在 ROM 中保存的地址。

一个单片机一般具有多个中断源，这就存在中断优先级和中断嵌套问题。中断嵌套指的是高优先级的中断源可以打断低优先级的中断处理程序，CPU 转去执行高优先级的中断处理程序，直至处理完毕，返回继续执行低优先级的中断处理程序，直至处理完毕，返回主程序。

单片机响应中断的条件是 CPU 处于开中断状态，同时，只能在一条指令执行完成后，CPU 才能响应中断请求。

中断技术使得计算机可实现更多功能。

（1）可实现高速 CPU 与慢速外部设备之间的通信。

（2）可实现实时处理。

（3）可实现故障的紧急处理。

（4）便于人机联系。

随着计算机软/硬件技术的发展，中断技术也在不断丰富，中断功能已经成为评价计算机系统整体性能的一项重要指标。

8.1.2　中断处理流程

CPU 响应中断源的中断请求后，就转去进行中断处理。不同的中断源，其中断处理程序可能不同，但其主要内容及流程基本相近。中断处理流程如图 8-1 所示。

为了使中断处理程序的执行不破坏 CPU 中有关寄存器或存储单元的原有内容，以免在中断返回后影响主程序的运行，需要把 CPU 中有关寄存器或存储单元的原有内容推入堆栈保护起来，这就是所谓的“保护现场”。而在中断处理程序结束时和返回主程序前，需要把之前保护起来的那些内容从堆栈中弹出，以便恢复 CPU 中有关寄存器或存储单元的原有内容，这就是所谓的“恢复现场”。请注意一定是按照先进后出的原则推入和弹出堆栈的。

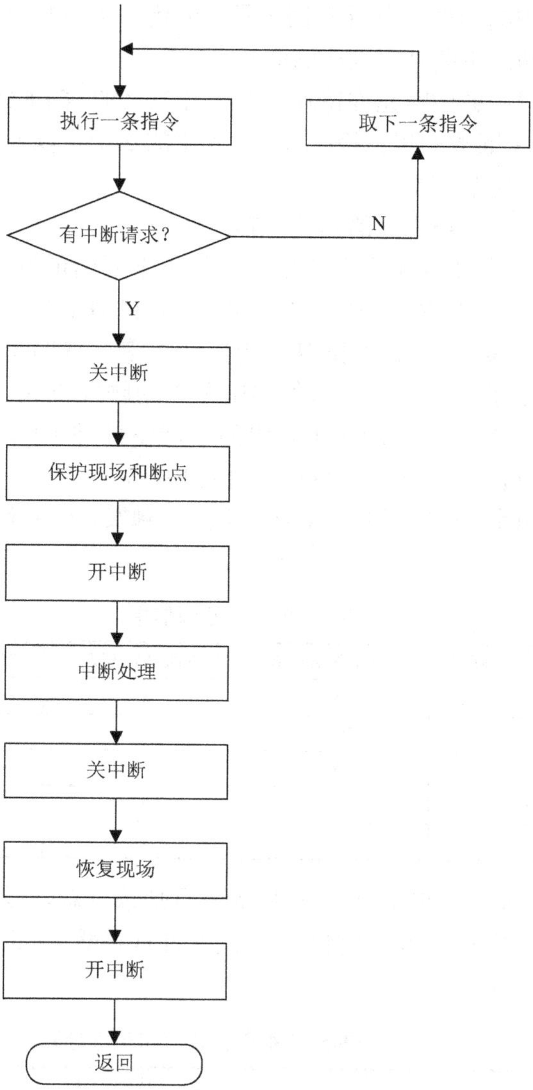

图 8-1　中断处理流程

在中断进行的过程中，可能又有新的中断请求到来，一般情况下，为了防止这种优先级高于当前的中断请求打断当前的中断处理程序的执行，CPU 响应中断后应关中断。如果想要响应具有更高优先级的中断源的中断请求，那么应该在保护现场后，使 CPU 处于开中断状态，这就使系统具有中断嵌套功能。

中断服务是中断处理程序的主要内容，根据中断的功能编写，以满足用户的需要。

中断返回是指把当前执行的中断处理程序转回被中断请求中断的主程序上来。

8.1.3　IAP15F2K61S2 系列单片机中断知识

IAP15F2K61S2 系列单片机提供了 14 个中断源，它们分别是外部中断 0（INT0）、定时器 0 中断（Timer0）、外部中断 1（INT1）、定时器 1 中断（Timer1）、串行口 1 中断（UART1）、ADC 中断、低压检测（LVD）中断、CCP/PWM/PCA 中断、串行口 2 中断、SPI 中断、外部中断 2（INT2）、外部中断 3（INT3）、定时器 2 中断及外部中断 4（INT4）。除外部中断 2、外部中断 3、定时器 2 中断和外部中断 4 固定是最低优先级中断源外，其他中断源都具有两个中断优先级，可实现两级中断处理程序的嵌套。

片内特殊功能寄存器中的中断允许寄存器 IE、IE2、INT_CLKO 控制 CPU 是否响应中断请求。由 IP、IP2 配置各中断源的优先级。同一优先级的 2 个及以上中断源同时提出中断请求时，由内部的查询逻辑确定响应次序。

本章以外部中断为例，介绍中断的相关内容及使用。

外部中断 0 和外部中断 1 既可上升沿触发，又可下降沿触发，两个外部中断的中断请求标志位分别是位于寄存器 TCON 中的 IE0/TCON.1 和 IE1/TCON.3。当外部中断处理程序得到响应后，中断请求标志位 IE0 和 IE1 会自动清零。TCON 寄存器中的 IT0/TCON.0 和 IT1/TCON.2 分别决定了外部中断 0 与外部中断 1 的触发方式。如果 ITx=1（x=0,1），那么系统在 INTx（x=0,1）引脚探测到下降沿后可产生外部中断；如果 ITx=0，那么系统在 INTx 引脚探测到上升沿或下降沿后可产生外部中断。

外部中断 2、外部中断 3 及外部中断 4 只能下降沿触发，详见芯片数据手册。表 8-1 所示为部分中断源信息。

表 8-1　部分中断源信息

中断源	中断向量地址	中断号	中断优先级设置	优先级（1 最高）	中断请求标志位	中断允许控制位
INT0	0003H	0	PX0	1	IE0	EX0/EA
Timer0	000BH	1	PT0	1	TF0	ET0/EA
INT1	0013H	2	PX1	1	IE1	EX1/EA
Timer1	001BH	3	PT1	1	TF1	ET1/EA
UART1	0023H	4	PS	1	RI+TI	ES/EA

IAP15F2K61S2 系列单片机的 CPU 对中断源的开放或屏蔽，以及每个中断源是否被允许中断是由内部的中断允许寄存器 IE 控制的。中断允许寄存器 IE 为特殊功能寄存器，其字节地址为 A8H，如表 8-2 所示。

表 8-2　中断允许寄存器 IE（可位寻址）

名称	地址	B7	B6	B5	B4	B3	B2	B1	B0
IE	A8H	EA	ELVD	EADC	ES	ET1	EX1	ET0	EX0

EA：CPU 的总中断允许控制位。EA=1，CPU 开中断；EA=0，CPU 屏蔽所有的中断请求。EA 的作用是使中断允许形成多级控制，即各中断源首先受 EA 的控制，其次受各中断源自己的中断允许控制位的控制。

ELVD：低压检测中断允许位。ELVD=1，允许低压检测中断；ELVD=0，禁止低压检测中断。

EADC：ADC 中断允许位。EADC=1，允许 ADC 中断；EADC=0，禁止 ADC 中断。

ES：串行口 1 中断允许位。ES=1，允许串行口 1 中断；ES=0，禁止串行口 1 中断。

ET1：定时器/计数器 T1 的溢出中断允许位。ET1=1，允许 T1 中断；ET1=0，禁止 T1 中断。

EX1：外部中断 1 的中断允许位。EX1=1，允许外部中断 1 中断；EX1=0，禁止外部中断 1 中断。

ET0：定时器/计数器 T0 的溢出中断允许位。ET0=1，允许 T0 中断；ET1=0，禁止 T0 中断。

EX0：外部中断 0 的中断允许位。EX0=1，允许外部中断 0 中断；EX0=0，禁止外部中断 0 中断。

IAP15F2K61S2 系列单片机通过设置特殊功能寄存器（IP 和 IP2）中的相应位，可将部分中断设有两个中断优先级，并设有以下两条基本规则。

（1）低优先级中断可被高优先级中断打断。

（2）对于任何一种中断，一旦它得到响应，它就不会再被其同级中断打断。

中断优先级控制寄存器 IP 如表 8-3 所示。

表 8-3　中断优先级控制寄存器 IP（可位寻址）

名称	地址	B7	B6	B5	B4	B3	B2	B1	B0
IP	B8H	PPCA	PLVD	PADC	PS	PT1	PX1	PT0	PX0

PT1：定时器 1 中断优先级控制位。

当 PT1=0 时，定时器 1 中断为最低优先级中断（优先级 0）。

当 PT1=1 时，定时器 1 中断为最高优先级中断（优先级 1）。

PX1：外部中断 1 优先级控制位。

当 PX1=0 时，外部中断 1 为最低优先级中断（优先级 0）。

当 PX1=1 时，外部中断 1 为最高优先级中断（优先级 1）。

PT0：定时器 0 中断优先级控制位。

当 PT0=0 时，定时器 0 中断为最低优先级中断（优先级 0）。

当 PT0=1 时，定时器 0 中断为最高优先级中断（优先级 1）。

PX0：外部中断 0 优先级控制位。

当 PX0=0 时，外部中断 0 为最低优先级中断（优先级 0）。

当 PX0=1 时，外部中断 0 为最高优先级中断（优先级 1）。

TCON 为 T0 和 T1 的控制寄存器，同时锁存 T0 和 T1 溢出中断源与外部请求中断源等。定时器/计数器中断控制寄存器 TCON 如表 8-4 所示。

表 8-4　定时器/计数器中断控制寄存器 TCON（可位寻址）

名称	地址	B7	B6	B5	B4	B3	B2	B1	B0
TCON	88H	TF1	TR1	TF0	TR0	IE1	IT1	IE0	IT0

TF1：T1 溢出中断标志位。T1 被允许计数后，从初值开始加 1 计数，当产生溢出时，由硬件置 1，向 CPU 请求中断，一直保持到 CPU 响应中断，才由硬件清零。

TR1：定时器 1 运行控制位。

TF0：T0 溢出中断标志位。T0 被允许计数后，从初值开始加 1 计数，当产生溢出时，由硬件置 1，向 CPU 请求中断，一直保持到 CPU 响应中断，才由硬件清零。

TR0：定时器 1 运行控制位。

IE1：外部中断 1（INT1/P3.3）中断请求标志位。IE1=1，外部中断向 CPU 请求中断，当 CPU 响应该中断时，由硬件将 IE1 清零。

IT1：外部中断 1 中断源类型选择位。IT1=0，INT1/P3.3 引脚上的上升沿和下降沿均可触发外部中断 1；IT1=1，外部中断 1 为下降沿触发方式。

IE0：外部中断 0（INT0/P3.2）中断请求标志位。IE0=1，外部中断向 CPU 请求中断，当 CPU 响应该中断时，由硬件将 IE0 清零。

IT0：外部中断 0 中断源类型选择位。IT0=0，INT1/P3.2 引脚上的上升沿和下降沿均可触发外部中断 0；IT0=1，外部中断 0 为下降沿触发方式。

中断函数的一般形式如下：

```
void 函数名() [interrupt n] [using m]
```

关键字 interrupt 后面的 n 是中断号，编译器从 8n+3 处产生中断入口地址，具体的中断号 n 和中断向量取决于所采用的中断源，其中，外部中断 0 的中断号为 0。

关键字 using 专门用来选择单片机中不同的工作寄存器组。using 后面的 m 是一个 0～3 的整数，分别表示选中 4 个不同的工作寄存器组。在定义中断函数时，using 是一个可选项，如果不用该选项，则由编译器自动选择一个工作寄存器组作为绝对寄存器组进行访问。

需要特别注意的是，在任何情况下都不能直接调用中断函数，因此它不能进行参数传递，也没有返回值。

8.2 项目分析

8.2.1 项目要求

上电后，LED1～LED6 循环点亮。

当 S5（P3.2）被按下后，LED7 的状态改变，LED1～LED6 不受影响。

当 S4（P3.3）被按下后，LED1～LED6 立即暂停循环点亮，LED8 点亮并维持一段时间后熄灭；LED8 熄灭后，LED1～LED6 继续循环点亮。

8.2.2 流程分析

中断程序设计软件流程图如图 8-2 所示。

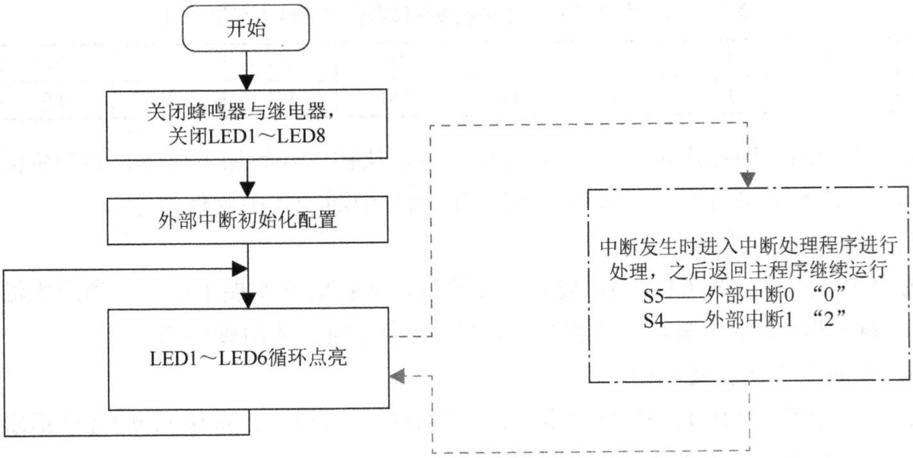

图 8-2 中断程序设计软件流程图

本项目要求在未发生中断时，循环点亮 LED1～LED6。

如果按下 S5，即触发了外部中断 0，则根据项目要求，在外部中断 0 的中断处理程序中实现 LED7 状态的改变，即若原来 LED7 是点亮状态，则需要将其熄灭；若原来 LED7 是熄灭状态，则需要将其点亮。

如果按下 S4，即触发了外部中断 1，则根据项目要求，在外部中断 1 的中断处理程序中实现暂停 LED1～LED6 循环点亮功能，且暂停时 LED8 是点亮状态，维持一段时间后，LED8 熄灭，LED1～LED6 恢复循环点亮功能。

8.2.3　参考代码分析

自定义一个函数，命名为 LED_Running，该函数的作用是循环点亮 LED1～LED6，其在主循环中被调用，就可以实现 LED1～LED6 循环点亮功能。参考代码如下：

```
void LED_Running(void)
{
    unsigned char i = 0;
    HC138_select(4);
    for(i=1;i<7;i++)
    {
        P0 &= (0XFF<<i);
        Delay(60000);
    }
    for(i=0;i<6;i++)
    {
        P0 |= (1<<i);
        Delay(60000);
    }
}
```

在 main()函数中，对外部中断 0 及外部中断 1 进行配置，并在 while(1)主循环中调用 LED_Running()函数。参考代码如下：

```
void main(void)
{
    HC138_select(5);
    P0 = 0;
    HC138_select(4);
    P0 = 0XFF;
    EX0 = 1;
    IT0 = 1;
    EX1 = 1;
    IT1 = 1;
    EA = 1;

    while(1)
    {
      LED_Running();
    }
}
```

外部中断 0 的中断函数的功能是当 S5 被按下而触发外部中断 0 后，如果使能了该中断，则进入该函数，实现 LED7 状态的改变。参考代码如下：

```
void INT0_Handler() interrupt 0
{
    HC138_select(4);
    if(P0&0X40)
    {
        P0 &= ~0X40;
    }
    else
    {
        P0 |= 0X40;
    }
}
```

外部中断 1 的中断函数的功能是当 S4 被按下而触发外部中断 1 后，如果使能了该中断，则进入该函数，实现 LED8 点亮时暂停执行 LED1～LED6 循环点亮程序，一段时间后，LED8 熄灭并继续执行 LED1～LED6 循环点亮程序。参考代码如下：

```
void INT1_Handler() interrupt 2
{
    HC138_select(4);
    P0 &= ~0X80;
    Delay(60000);
    Delay(60000);
    Delay(60000);
    Delay(60000);
    Delay(60000);
    P0 |= 0X80;
}
```

8.3 本例代码

main.c 文件中的代码如下：

```
#include <stc15.h>
unsigned char SEG_CODE[16]
={0XC0,0XF9,0XA4,0XB0,0X99,0X92,0X82,0XF8,0X80,0X90,0X88,0X83,0XC6,0XA1,0X86,0X8E};

unsigned char keynum = 0;
sbit R1 = P3^0;
sbit R2 = P3^1;
sbit R3 = P3^2;
sbit R4 = P3^3;
sbit C1 = P4^4;
sbit C2 = P4^2;
sbit C3 = P3^5;
sbit C4 = P3^4;

void HC138_select(unsigned char pos)
{
    switch(pos)
```

```
    {
        case 4://LED
            P2 = (P2&0X1F)|0X80;
            break;
        case 5://BUZZ
            P2 = (P2&0X1F)|0XA0;
            break;
        case 6://SEG-COM
            P2 = (P2&0X1F)|0XC0;
            break;
        case 7://SEG-a-dp
            P2 = (P2&0X1F)|0XE0;
            break;
        default:
            P2 = (P2&0X1F);
        break;
    }
}

void Delay(unsigned int t)
{
    while(t--);
}

void DelaySeg(unsigned int times)
{
    while(times--);
}

void Seg_DisplayBit(unsigned char pos,unsigned char dat)
{
      HC138_select(6);
      P0 = 0X01<<(pos-1);
      HC138_select(7);
      P0 = dat;
}

void Key_Matrix_Scan(void)
{
    R1=0;
    R2=R3=R4=1;
    if(C1==0)
    {
        keynum = 0;
    }
    else if(C2==0)
    {
        keynum = 1;
    }
    else if(C3==0)
    {
        keynum = 2;
```

```
}
else if(C4==0)
{
    keynum = 3;
}
R2=0;
R1=R3=R4=1;
if(C1==0)
{
    keynum = 4;
}
else if(C2==0)
{
    keynum = 5;
}
else if(C3==0)
{
    keynum = 6;
}
else if(C4==0)
{
    keynum = 7;
}
R3=0;
R2=R1=R4=1;
if(C1==0)
{
    keynum = 8;
}
else if(C2==0)
{
    keynum = 9;
}
else if(C3==0)
{
    keynum = 10;
}
else if(C4==0)
{
    keynum = 11;
}
R4=0;
R2=R3=R1=1;
if(C1==0)
{
    keynum = 12;
}
else if(C2==0)
{
    keynum = 13;
}
else if(C3==0)
```

```
    {
        keynum = 14;
    }
    else if(C4==0)
    {
        keynum = 15;
    }
    Seg_DisplayBit(1,SEG_CODE[keynum]);
    Delay(10000);
}

void LED_Running(void)
{
    unsigned char i = 0;
    HC138_select(4);
    for(i=1;i<7;i++)
    {
        P0 &= (0XFF<<i);
        Delay(60000);
    }
    for(i=0;i<6;i++)
    {
        P0 |= (1<<i);
        Delay(60000);
    }
}

void main(void)
{
    HC138_select(5);
    P0 = 0;
    HC138_select(4);
    P0 = 0XFF;

    EX0 = 1;
    IT0 = 1;
    EX1 = 1;
    IT1 = 1;
    EA = 1;

    while(1)
    {
       LED_Running();
    }
}

void INT0_Handler() interrupt 0
{
    HC138_select(4);
    if(P0&0X40)
    {
        P0 &= ~0X40;
```

```
    }
    else
    {
        P0 |= 0X40;
    }
}

void INT1_Handler() interrupt 2
{
    HC138_select(4);
    P0 &= ~0X80;
    Delay(60000);
    Delay(60000);
    Delay(60000);
    Delay(60000);
    Delay(60000);
    P0 |= 0X80;
}
```

思考与练习

1．S4 被按下后，LED8 点亮并维持一段时间，请编写代码，在不改变其他功能的情况下，将维持的时间变为 1s 以上（3s 以内）。

2．在第 1 题的基础上，如何将外部中断 1 的优先级设置为高优先级，外部中断 0 的优先级设置为低优先级？

3．在第 1、2 题的基础上，当运行此程序时，如果按下 S4，则在 LED8 点亮的过程中按下 S5，LED7 是否有反应？为什么？

4．什么是中断源？IAP15F2K61S2 单片机有几个中断源？

5．CPU 响应中断有哪些条件？

第 9 章 定时器程序设计

9.1 基础知识

计算机电路的基础是时序电路，利用计算机实现定时和计数任务是很容易的事。在检测和控制中，大多时候都要求进行定时和计数处理，因此定时器/计数器在计算机中很重要。为了满足功能需要，单片机中一般都有可编程控制的定时器/计数器，可以通过不同程序的编程控制实现需要的功能。

在定时器开始工作前，必须对其进行初始化配置。定时器的初始化配置主要有定时器的工作模式、计数初值、中断设置等。初始化配置完成后，可以直接启动计数器开始计数，也可以暂停计数，在需要时设置启动计数命令，开始计数。

一般定时器在预置计数初值后计数，计数器计满溢出后利用溢出标志信号实现查询或中断处理。定时器的定时长短取决于计数初值，计数初值越小，定时时间越长；计数初值越大，定时时间越短。计数初值是通过程序预先设置的，计数器计满溢出后，其值为 0，需要重新装入初值。不同的计数器重装初值的方法不同，有自动重装的，也有只能在程序中重装的。由于计数器都是周期重复使用的，因此无论哪种计数器，都必须保证可靠地实现初值重装。

IAP15F2K61S2 单片机内部集成了 3 个 16 位定时器/计数器 T0、T1 和 T2，其核心部件是一个加法计数器，对输入脉冲进行计数，若脉冲来自系统时钟，则为定时模式；若脉冲来自关联引脚（T0 对应 P3.4 引脚、T1 对应 P3.5 引脚、T2 对应 P3.0 引脚），则为计数模式。

定时器/计数器 T0 和 T1 具有 4 种工作方式，由特殊功能寄存器 TMOD 中的 M1 和 M0 位决定，如表 9-1 所示。

表 9-1 定时器/计数器 T0 和 T1 的 4 种工作方式

M1	M0	工作方式	功能说明
0	0	0	16 位自动重装初值定时器/计数器
0	1	1	16 位定时器/计数器
1	0	2	8 位自动重装初值定时器/计数器
1	1	3	T0 被分为两个 8 位定时器/计数器，T1 停止计数

定时器/计数器 T0 和 T1 的工作方式 1～工作方式 3 与传统的 8051 类似，不过工作方式 0 为 16 位自动重装方式，这一点与 8051 不同。

定时器/计数器 T2 的工作方式固定为 16 位自动重装初值方式。

定时器输入脉冲方式可以是使用系统时钟脉冲 f_{sys}，简称 1T 方式；也可以是对系统时钟 f_{sys} 进行 12 分频后作为定时输入脉冲，简称 12T 方式。12T 方式与传统的定时器方式相同。采用哪种方式由特殊功能寄存器 AUXR 决定，当 AUXR 中的 T0x12、T1x12 或 T2x12 为 0 时，对应的定时器采用 12T 方式；当相应位为 1 时，采用 1T 方式。

IAP15F2K61S2 单片机与定时器/计数器相关的特殊功能寄存器如表 9-2 所示。

表 9-2　IAP15F2K61S2 单片机与定时器/计数器相关的特殊功能寄存器

寄存器名	地址	MSB				位地址及其符号		LSB		复位值
TH0	8CH	定时器/计数器 T0 的高 8 位								0000 0000
TL0	8AH	定时器/计数器 T0 的低 8 位								0000 0000
TH1	8DH	定时器/计数器 T1 的高 8 位								0000 0000
TL1	8BH	定时器/计数器 T1 的低 8 位								0000 0000
T2H	D6H	定时器/计数器 T2 的高 8 位								0000 0000
T2L	D7H	定时器/计数器 T2 的低 8 位								0000 0000
TCON	88H	TF1	TR1	TF0	TR0	IE1	IT1	IE0	IT0	0000 0000
TMOD	89H	GATE	C/T	M1	M0	GATE	C/T	M1	M0	0000 0000
IE	A8H	EA	ELVD	EADC	ES	ET1	EX1	ET0	EX0	0000 0000
IE2	AFH	—	ET4	ET3	ES4	ES3	ET2	ESP1	ES2	0000 0000
IP	B8H	PPCA	PLVD	PADC	PS	PT1	PX1	PT0	PX0	0000 0000
INT_CLKO	8FH	—	EX4	EX3	EX2	—	T2CLKO	T1CLKO	T0CLKO	0000 0000
AUXR	8EH	T0x12	T1x12	#	#	#	T2x12	#	#	0000 0000

其中，TH0 和 TL0、TH1 和 TL1、T2H 和 T2L 分别用于装入 T0～T2 的初值。

TCON、IE、IP 可参考第 8 章的介绍。

TMOD 为工作模式控制寄存器，其低 4 位控制 T0，高 4 位控制 T1。其中，GATE 是门控制位，若 GATE = 0，则定时器/计数器由 TCON 中的控制位 TRx 直接控制，TRx 为 1 时允许计数，TRx 为 0 时停止计数；若 GATE = 1，则定时器/计数器由 TCON 中的控制位 TRx 和外部中断引脚进行双重控制，只有当 TRx 与外部中断引脚的输入电平都为 1 时，才允许计数，其他情况均停止计数。

C/T 为定时/计数控制位，该位为 0 时，定时器工作；该位为 1 时，计数器工作，对由外部引脚输入的脉冲进行计数。

INT_CLKO 中的 T2CLKO、T1CLKO、T0CLKO 分别控制 T2～T0 的可编程时钟输出，置 1 表示允许从 P3.0、P3.4、P3.5 引脚输出时钟频率，清零表示禁止输出时钟频率。

定时或计数前，应为 TH0 和 TL0 送入初值。启动计数器后即从初值开始进行加 1 计数，计数达到 2^n（初值+计数值=2^n，此处 n=16）时产生溢出，TF0 将为 1。计数器从启动到溢出所需的脉冲数称为计数值。如果工作在定时模式下，则计数器从启动到溢出所经历的时间称为定时时间。根据定时器/计数器的工作机制，可知定时时间是计数值与单次脉冲时间的乘积。

9.2　项目分析

9.2.1　项目要求

在系统时钟频率为 12MHz 时，利用单片机中的定时器/计数器 T0 的工作方式 1，在 12T 方式下，实现精准控制 LED 闪烁频率的功能。

具体要求是，每隔 1s，LED1 闪烁一下（亮 0.5s，灭 0.5s）；每隔 5s，LED8 闪烁一下（亮 2.5s，灭 2.5s）。

9.2.2 流程分析

前面提到，定时器/计数器在进行定时或计数操作前要进行初始化配置，通常包括以下几个步骤。

（1）确定工作方式，给 TMOD 写入控制字。

（2）确定是采用 1T 方式还是 12T 方式，确定定时脉冲的分频系数，计算定时器/计数器的初值，并将初值写入寄存器 TH 和 TL。

（3）根据需要设置中断控制寄存器 IE 或 IE2 的对应位，决定是否开放定时器中断。

（4）根据需要配置寄存器 INT_CLKO 中的 T2CLKO、T1CLKO、T0CLKO 位，确定是否采用可编程时钟输出。

（5）根据需要配置定时器中断优先级。

（6）设置 TCON 中的 TRx（x 为 0 或 1）位，启动定时器/计数器。

在初始化配置过程中，设置定时器/计数器的初值，需要进行运算。若计数器的最大计数值为 M，则初值 X 的计算公式如下。

① 在 12T 方式下，$X=M-$要求的定时值/(12/系统时钟频率)。

② 在 1T 方式下，$X=M-$要求的定时值/(1/系统时钟频率)。

在定时器模式下，当初值 X=0 时，可以确定最大定时时间。例如，当系统时钟频率为 12MHz 时，定时器处于工作方式 0，采用 12T 方式的最大定时时间为 65.535ms，如果需要的定时时间大于上述最大定时时间，则需要采用中断方式来扩展定时时间。

定时器程序设计软件流程图如图 9-1 所示。

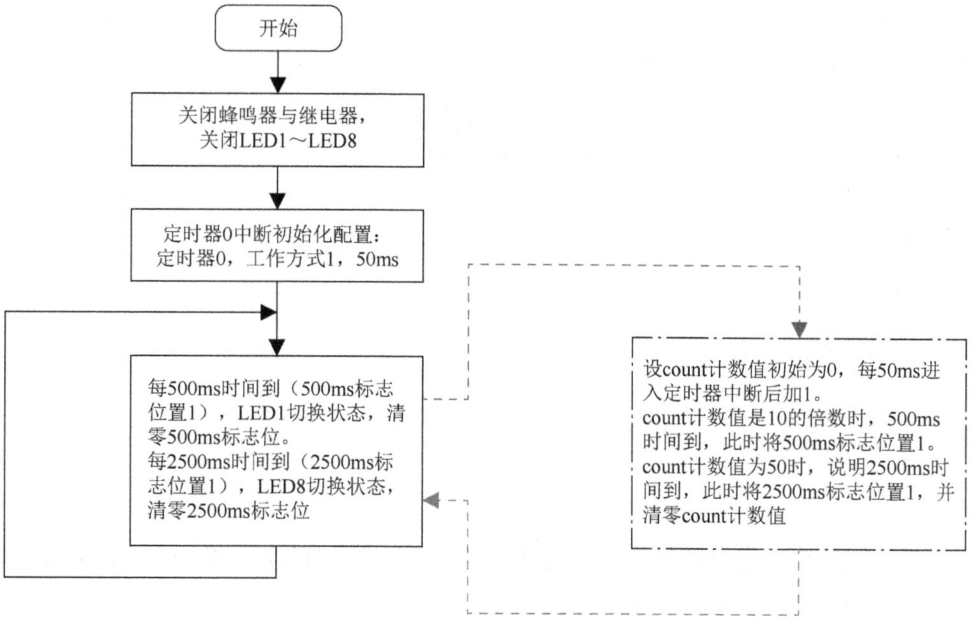

图 9-1　定时器程序设计软件流程图

9.2.3 参考代码分析

定时器的初始化代码分析：已知项目要求使用定时器 0，工作方式 1，因为根据分析，需要实现 500ms 及 2500ms 的定时，而对于 12MHz 的系统时钟频率，在 12T 方式下，定时器 0

的最大定时时间为 65535μs，小于 500ms，因此需要在定时器中断中添加代码，扩展定时器的定时时间。

自定义一个 Timer0_Init()函数，设置定时器 0 使用 12T 方式，工作方式 1，定时时间为 50ms，据此，计算出定时器的初值为(65536 – 50000)μs，因此 TL0 的值为(65536 – 50000)%256，即 0XB0；TH0 的值为(65536 – 50000)/256，即 0X3C。清除定时器 0 的中断请求标志位，启动定时器 0，开启定时器 0 中断及总中断。

定时器 0 的初始化代码如下：

```
void Timer0_Init(void)        //50ms, 12MHz
{
    AUXR &= 0X7F;             //定时器使用 12T 方式
    TMOD &= 0XF0;             //设置定时器的工作方式
    TMOD |= 0X01;             //设置定时器的工作方式
    TL0 = 0XB0;               //设置定时器的初值
    TH0 = 0X3C;               //设置定时器的初值
    TF0 = 0;                  //清除定时器 0 的中断标志位
    TR0 = 1;                  //定时器 0 开始计时
    ET0 = 1;                  //开启定时器 0 中断
    EA = 1;                   //开启总中断
}
```

在定时器 0 的中断函数中，因为定时器 0 处于工作方式 1，所以需要在中断处理程序中手动设置定时器的初值。设置一个 50ms 标志位，记为 count50ms，同时定义 500ms 及 2500ms 时间到的标志位，分别为 flag_500ms 和 flag_2500ms。

定时器 0 的代码如下：

```
void Timer0_Isr(void) interrupt 1
{
    TL0 = 0XB0;               //设置定时器的初值
    TH0 = 0X3C;               //设置定时器的初值
    count50ms++;
    if(!(count50ms%10))
    {
        flag_500ms =1;
    }
    if(!(count50ms%50))
    {
        flag_2500ms = 1;
        count50ms = 0;
    }
}
```

在程序主循环中，通过检查这两个标志位的状态，控制程序改变 LED1 和 LED8 的状态。自定义一个实现本功能的函数代码：

```
void LED_working(void)
{
    if(flag_500ms == 1)
    {
        flag_500ms = 0;
        HC138_select(4);
        P00 ^= 1;
```

```
    }
    if(flag_2500ms == 1)
    {
        flag_2500ms = 0;
        HC138_select(4);
        P07 ^= 1;
    }
}
```

9.3　本例代码

main.c 文件中的代码如下：

```
#include <stc15.h>
unsigned char SEG_CODE[16]
={0XC0,0XF9,0XA4,0XB0,0X99,0X92,0X82,0XF8,0X80,0X90,0X88,0X83,0XC6,0XA1,0X86,0X8E};
//0 1 2 3 4 5 6 7 8 9 A B C D E F

unsigned char keynum = 0;
sbit R1 = P3^0;
sbit R2 = P3^1;
sbit R3 = P3^2;
sbit R4 = P3^3;
sbit C1 = P4^4;
sbit C2 = P4^2;
sbit C3 = P3^5;
sbit C4 = P3^4;

void HC138_select(unsigned char pos)
{
    switch(pos)
    {
        case 4://LED
            P2 = (P2&0X1F)|0X80;
            break;
        case 5://BUZZ
            P2 = (P2&0X1F)|0XA0;
            break;
        case 6://SEG-COM
            P2 = (P2&0X1F)|0XC0;
            break;
        case 7://SEG-a-dp
            P2 = (P2&0X1F)|0XE0;
            break;
        default:
            P2 = (P2&0X1F);
        break;
    }
}
```

```
void Delay(unsigned int t)
{
    while(t--);
}

void DelaySeg(unsigned int times)
{
        while (times--);
}

void Seg_DisplayBit(unsigned char pos,unsigned char dat)
{
     HC138_select(6);
     P0 = 0X01<<(pos-1);
     HC138_select(7);
     P0 = dat;
}

void Key_Matrix_Scan(void)
{
    R1=0;
    R2=R3=R4=1;
    if(C1==0)
    {
        keynum = 0;
    }
    else if(C2==0)
    {
        keynum = 1;
    }
    else if(C3==0)
    {
        keynum = 2;
    }
    else if(C4==0)
    {
        keynum = 3;
    }
    R2=0;
    R1=R3=R4=1;
    if(C1==0)
    {
        keynum = 4;
    }
    else if(C2==0)
    {
        keynum = 5;
    }
    else if(C3==0)
    {
        keynum = 6;
    }
```

```
    else if(C4==0)
    {
        keynum = 7;
    }
    R3=0;
    R2=R1=R4=1;
    if(C1==0)
    {
        keynum = 8;
    }
    else if(C2==0)
    {
        keynum = 9;
    }
    else if(C3==0)
    {
        keynum = 10;
    }
    else if(C4==0)
    {
        keynum = 11;
    }
    R4=0;
    R2=R3=R1=1;
    if(C1==0)
    {
        keynum = 12;
    }
    else if(C2==0)
    {
        keynum = 13;
    }
    else if(C3==0)
    {
        keynum = 14;
    }
    else if(C4==0)
    {
        keynum = 15;
    }

    Seg_DisplayBit(1,SEG_CODE[keynum]);
    Delay(10000);
}

void LED_Running(void)
{
    unsigned char i = 0;
    HC138_select(4);
    for(i=1;i<7;i++)
    {
        P0 &= (0XFF<<i);
```

```
        Delay(60000);
    }
    for(i=0;i<6;i++)
    {
        P0 |= (1<<i);
        Delay(60000);
    }
}

void Timer0_Init(void)          //50ms，12MHz
{
    AUXR &= 0X7F;               //定时器使用 12T 方式
    TMOD &= 0XF0;               //设置定时器的工作方式
    TMOD |= 0X01;               //设置定时器的工作方式
    TL0 = 0XB0;                 //设置定时器的初值
    TH0 = 0X3C;                 //设置定时器的初值
    TF0 = 0;                    //清除定时器 0 的中断标志位
    TR0 = 1;                    //定时器 0 开始计时
    ET0 = 1;                    //开启定时器 0 中断
    EA = 1;                     //开启总中断
}
unsigned int count50ms = 0;
unsigned char flag_500ms = 0;
unsigned char flag_2500ms = 0;
void Timer0_Isr(void) interrupt 1
{
    TL0 = 0XB0;                 //设置定时器的初值
    TH0 = 0X3C;                 //设置定时器的初值
    count50ms++;
    if(!(count50ms%10))
    {
        flag_500ms =1;
    }
    if(!(count50ms%50))
    {
        flag_2500ms = 1;
        count50ms = 0;
    }
}

void LED_working(void)
{
    if(flag_500ms == 1)
    {
        flag_500ms = 0;
        HC138_select(4);
        P00 ^= 1;
    }
    if(flag_2500ms == 1)
    {
        flag_2500ms = 0;
        HC138_select(4);
```

```
        P07 ^= 1;
    }
}

void main(void)
{
    HC138_select(5);
    P0 = 0;
    HC138_select(4);
    P0 = 0XFF;
    Timer0_Init();

    while(1)
    {
      LED_working();
    }
}

void Init_INT(void)
{
    EX0 = 1;
    IT0 = 1;
    EX1 = 1;
    IT1 = 1;
    EA = 1;
}

void INT0_Handler() interrupt 0
{
    HC138_select(4);
    if(P0&0X40)
    {
        P0 &= ~0X40;
    }
    else
    {
        P0 |= 0X40;
    }
}

void INT1_Handler() interrupt 2
{
    HC138_select(4);
    P0 &= ~0X80;
    Delay(60000);
    Delay(60000);
    Delay(60000);
    Delay(60000);
    Delay(60000);
    P0 |= 0X80;
}
```

思考与练习

1. IAP15F2K61S2 单片机的定时器有几种工作方式？它们有何区别？
2. 定时器用于定时或计数时，其计数脉冲分别由谁提供？
3. 请使用定时器 1 的工作方式 0，在 12T 方式下，实现本项目的所有要求。

第 10 章 PWM 信号应用

10.1 基础知识

PWM（脉宽调制）是一种模拟控制方式，根据相应载荷的变化调制晶体管基极或 MOS 管栅极的偏置，实现晶体管或 MOS 管导通时间的改变，从而实现开关稳压电源输出的改变。这种方式能使电源的输出电压在工作条件变化时保持恒定，是利用微处理器的数字信号对模拟电路进行控制的一种非常有效的技术。PWM 是一种对模拟信号电平进行数字编码的方法，广泛应用于从测量、通信到功率控制与变换的许多领域。

PWM 的工作原理是通过脉冲宽度控制输出信号的功率。脉冲宽度是指在一定的时间段内，对电压信号以一定的占空比（脉冲宽度）进行调整，从而改变电压信号的平均电压，以控制电子设备的工作状态。

舵机是一种位置（角度）伺服的驱动器，适用于那些需要角度不断变化并可以保持的控制系统。在高档遥控玩具，如飞机、潜艇模型，遥控机器人中已经得到了普遍应用。

本章使用 PWM 控制一个舵机的输出轴转角。该舵机的型号为 MG90S，它的控制信号是周期为 20ms 的 PWM 信号，其中，脉冲宽度为 0.5～2.5ms，对应舵盘的位置为 0°～180°，呈线性变化。也就是说，给它提供一定宽度的脉冲信号，它的输出轴就会保持在一个相对应的角度上，无论外界转矩怎样改变，直到给它提供另外一个宽度的脉冲信号，它才会改变输出角度到新的对应位置上。舵机内部有一个基准电路，产生周期为 20ms、宽度为 1.5ms 的基准信号；有一个比较器，将外加信号与基准信号相比较，判断出方向和大小，从而产生电机的转动信号。舵机输出轴转角与高电平时间的对应关系如表 10-1 所示。

表 10-1 舵机输出轴转角与高电平时间的对应关系

高电平时间/ms	输出轴转角/（°）
0.5	0
1	45
1.5	90
2	135
2.5	180

10.2 项目分析

10.2.1 项目要求

设计一个模拟风扇系统，要求如下。

（1）通过独立按键 S4 控制风扇开或关；通过独立按键 S5 控制风扇的风量，分别是轻柔风、自然风、强风；根据不同的风量，P3.4 引脚输出 PWM 信号，控制电机的运行状态。（周期为 20ms 的 PWM 信号，关机：0.5ms；轻柔风：1.1ms；自然风：1.8ms；强风：2.5ms。）

（2）独立按键 S4：总开关，每按一次切换一次状态，当风扇状态为关时，数码管显示 0FF-0FF-；当风扇状态为开时，数码管显示对应的风量，即轻柔风为 0n--1111，自然风为 0n--2222，强风为 0n--3333。

（3）独立按键 S5：每按一次，风扇在轻柔风、自然风、强风 3 种状态间顺序切换。

10.2.2 流程分析

PWM 软件流程图如图 10-1 所示。

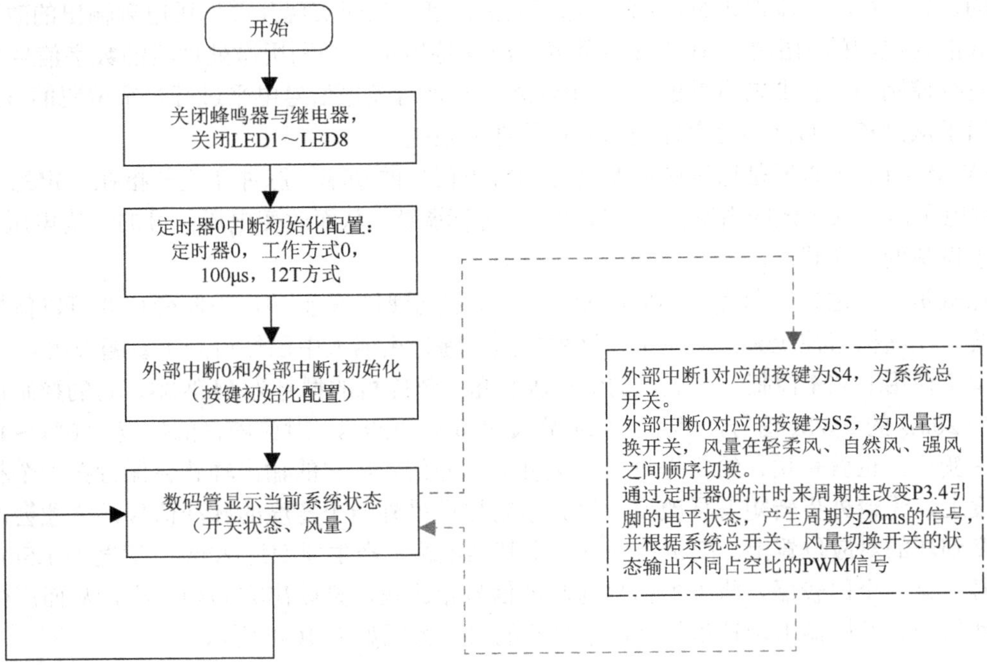

图 10-1　PWM 软件流程图

S4 与 S5 使用外部中断触发方式进行独立按键识别。

根据本项目要求，可将系统分为 4 种状态，分别为关机状态、开机轻柔风状态、开机自然风状态及开机强风状态。以上 4 种状态，根据项目要求，对应不同占空比的 PWM 信号，如表 10-2 所示。

表 10-2　各状态占空比

状态	PWM 信号占空比
关机	2.5%（0.5/20）
开机轻柔风	5.5%（1.1/20）
开机自然风	9%（1.8/20）
开机强风	12.5%（2.5/20）

从表 10-2 中可以看出，在本项目中，需要配置的时间最小单位为 0.1ms，即 100μs，因此在使用定时器时，将定时器的单次定时时间设置为 100μs，方便计数，当定时器计数值达到 200 时，一个周期时间到，即 20ms。在本项目代码中，定时器计数值的取值为 0～199，总计

数次数为 200。

因为需要控制 P3.4 引脚的电平状态，实现 PWM 信号的输出，以关机状态为例，占空比为 2.5%，即在一个完整的周期内，高电平持续 0.5ms，低电平持续 19.5ms。所以，使用定时器进行计数，当计数值小于 5 时，控制 P3.4 引脚输出高电平；当计数值大于或等于 5 时，控制 P3.4 引脚输出低电平，从而达到输出占空比为 2.5%的 PWM 信号的功能。

其他状态的控制思路同理可得。

10.2.3　参考代码分析

定时器 0 的初始化代码如下：

```
void Timer0Init(void)          //100μs, 12MHz
{
    AUXR &= 0X7F;
    TMOD &= 0XF0;
    TL0 = 0X9C;
    TH0 = 0XFF;
    TF0 = 0;
    TR0 = 1;
}
```

通过配置相关寄存器，在系统时钟频率为 12MHz 的情况下，将定时器 0 的时钟频率设置为系统时钟的 12 分频，即 12T 方式；采用工作方式 0，即 16 位自动重装载初值的定时器；将定时时间设置为 100μs。

定时器 0 的中断处理函数的代码如下：

```
void TIMER0_Handler() interrupt 1
{
    cnt_100us++;
    if(cnt_100us==200)
            cnt_100us = 0;

        if(cnt_100us<time_cnt[state])
        {
            P34 = 1;
        }
        else
        {
            P34 = 0;
        }

    seg_100us++;
    if(!(seg_100us%10))
    {
        seg_100us = 0;
        check_segdata();
        seg_bit++;
        Seg_DisplayBit(seg_bit,seg_data[seg_bit-1]);
        if(seg_bit==8)
        {
            seg_bit = 0;
```

```
            }
    }
}
```

本段代码主要实现两个功能。其中，第一个功能是实现 PWM 信号的输出控制，项目要求 PWM 信号的周期为 20ms，因此设定一个 cnt_100us 变量，每产生一次定时器溢出中断，该变量加 1，当该变量的值加到 200 时，将该变量清零，从而达到 cnt_100us 变量在 0～199 之间循环变化的功能。

根据项目要求，针对不同的状态，控制 P3.4 引脚输出不同时长的高电平，达到输出指定占空比 PWM 信号的目的。根据 state 状态的不同，高电平持续时间也不同，高电平持续的参数都存储在 time_cnt 数组中，该数组元素按顺序分别代表关机、开机轻柔风、开机自然风、开机强风 4 种状态的高电平持续时间参数。

第二个功能是刷新数码管显示，因为定时器中断每 100μs 进入一次，所以通过 if(!(seg_100us%10))进行“减速”控制，每 1ms 执行一位数码管的刷新。每次数码管刷新前，先根据当前状态为数码管的段码值赋值，具体代码详见 10.3 节中的 check_segdata()函数。

10.3 本例代码

main.c 文件中的代码如下：

```
#include <stc15.h>
unsigned char SEG_CODE[17]
={0XC0,0XF9,0XA4,0XB0,0X99,0X92,0X82,0XF8,0X80,0X90,0X88,0X83,0XC6,0XA1,0X86,0X8E,
0XBF};
//0 1 2 3 4 5 6 7 8 9 A B C D E F -

sbit R1 = P3^0;
sbit R2 = P3^1;
sbit R3 = P3^2;
sbit R4 = P3^3;
sbit C1 = P4^4;
sbit C2 = P4^2;
sbit C3 = P3^5;
sbit C4 = P3^4;
unsigned char keynum = 0;

unsigned char cnt_100us = 0;
unsigned char seg_100us = 0;
unsigned char state = 0;
unsigned char lastsatae = 0;
unsigned char time_cnt[4] = {5,11,18,25};
unsigned char time_pwm = 200;
unsigned char time_seg = 100;

unsigned char seg_bit = 0;
unsigned char S4_flag = 0;
unsigned char S5_flag = 1;
unsigned char seg_data[8] = {0XC0,0X8E,0X8E,0XBF,0XC0,0X8E,0X8E,0XBF};
```

```
void HC138_select(unsigned char pos)
{
    switch(pos)
    {
        case 4://LED
            P2 = (P2&0X1F)|0X80;
            break;
        case 5://BUZZ
            P2 = (P2&0X1F)|0XA0;
            break;
        case 6://SEG-COM
            P2 = (P2&0X1F)|0XC0;
            break;
        case 7://SEG-a-dp
            P2 = (P2&0X1F)|0XE0;
            break;
        default:
            P2 = (P2&0X1F);
        break;
    }
}


void Delay(unsigned int t)
{
    while(t--);
}

void Delay1ms()       //12MHz, 1ms
{
    unsigned char i, j;

    i = 12;
    j = 169;
    do
    {
        while (--j);
    } while (--i);
}

void Delay10ms()      //12MHz, 10ms
{
    unsigned char i, j;

    i = 117;
    j = 184;
    do
    {
        while (--j);
    } while (--i);
}
```

```
void Delay400us()        //12MHz
{
    unsigned char i, j;

    i = 5;
    j = 168;
    do
    {
        while (--j);
    } while (--i);
}

void Seg_DisplayBit(unsigned char pos,unsigned char dat)
{
        HC138_select(7);
        P0 = 0XFF;
        HC138_select(6);
        P0 = 0X01<<(pos-1);
        HC138_select(7);
        P0 = dat;
}

void Key_Matrix_Scan(void)
{
    R1=0;
    R2=R3=R4=1;
    if(C1==0)
    {
        keynum = 0;
    }
    else if(C2==0)
    {
        keynum = 1;
    }
    else if(C3==0)
    {
        keynum = 2;
    }
    else if(C4==0)
    {
        keynum = 3;
    }
    R2=0;
    R1=R3=R4=1;
    if(C1==0)
    {
        keynum = 4;
    }
    else if(C2==0)
    {
        keynum = 5;
```

```
    }
    else if(C3==0)
    {
        keynum = 6;
    }
    else if(C4==0)
    {
        keynum = 7;
    }
    R3=0;
    R2=R1=R4=1;
    if(C1==0)
    {
        keynum = 8;
    }
    else if(C2==0)
    {
        keynum = 9;
    }
    else if(C3==0)
    {
        keynum = 10;
    }
    else if(C4==0)
    {
        keynum = 11;
    }
    R4=0;
    R2=R3=R1=1;
    if(C1==0)
    {
        keynum = 12;
    }
    else if(C2==0)
    {
        keynum = 13;
    }
    else if(C3==0)
    {
        keynum = 14;
    }
    else if(C4==0)
    {
        keynum = 15;
    }

    Seg_DisplayBit(1,SEG_CODE[keynum]);
    Delay(10000);
}

void LED_Running(void)
{
```

```
    unsigned char i = 0;
    HC138_select(4);
    for(i=1;i<7;i++)
    {
        P0 &= (0XFF<<i);
        Delay(60000);
    }
    for(i=0;i<6;i++)
    {
        P0 |= (1<<i);
        Delay(60000);
    }
}

void check_segdata(void)
{
        switch(state)
        {
            case 0:
                seg_data[0] = 0XC0;
                seg_data[1] = 0X8E;
                seg_data[2] = 0X8E;
                seg_data[3] = 0XBF;
                seg_data[4] = 0XC0;
                seg_data[5] = 0X8E;
                seg_data[6] = 0X8E;
                seg_data[7] = 0XBF;
            break;
            case 1:
                seg_data[0] = 0XC0;
                seg_data[1] = 0XC8;
                seg_data[2] = 0XBF;
                seg_data[3] = 0XBF;
                seg_data[4] = SEG_CODE[1];
                seg_data[5] = SEG_CODE[1];
                seg_data[6] = SEG_CODE[1];
                seg_data[7] = SEG_CODE[1];
                break;
            case 2:
                seg_data[0] = 0XC0;
                seg_data[1] = 0XC8;
                seg_data[2] = 0XBF;
                seg_data[3] = 0XBF;
                seg_data[4] = SEG_CODE[2];
                seg_data[5] = SEG_CODE[2];
                seg_data[6] = SEG_CODE[2];
                seg_data[7] = SEG_CODE[2];
                break;
            case 3:
                seg_data[0] = 0XC0;
                seg_data[1] = 0XC8;
                seg_data[2] = 0XBF;
```

```
                seg_data[3] = 0XBF;
                seg_data[4] = SEG_CODE[3];
                seg_data[5] = SEG_CODE[3];
                seg_data[6] = SEG_CODE[3];
                seg_data[7] = SEG_CODE[3];
                break;
            default:
                break;
        }
}

void Timer0Init(void)           //100μs, 12MHz
{
    AUXR &= 0X7F;
    TMOD &= 0XF0;
    TL0 = 0X9C;
    TH0 = 0XFF;
    TF0 = 0;
    TR0 = 1;
}

void TIMER0_Handler() interrupt 1
{
       cnt_100us++;

        if(cnt_100us==200)
            cnt_100us = 0;

        if(cnt_100us<time_cnt[state])
        {
            P34 = 1;
        }
        else
        {
            P34 = 0;
        }

    seg_100us++;
    if(!(seg_100us%10))
    {
        seg_100us = 0;
        check_segdata();
        seg_bit++;
        Seg_DisplayBit(seg_bit,seg_data[seg_bit-1]);
        if(seg_bit==8)
        {
            seg_bit = 0;
        }
  }
}

void Init_INT(void)
```

```
{
    EX0 = 1;
    IT0 = 1;
    EX1 = 1;
    IT1 = 1;
    EA = 1;
    ET0 =1;//add
}

//S5 P32 INT0
void INT0_Handler() interrupt 0
{
    Delay10ms();
    if(0==P32)
    {
        if(S4_flag==1)
        {
        S5_flag++;
        if(S5_flag==4)
            S5_flag = 1;
        state = S5_flag;
        }
  }
}

//S4 P33 INT1
void INT1_Handler() interrupt 2
{
    Delay10ms();
    if(0==P33)
    {
        S4_flag ^= 1;
        if(S4_flag == 0)
        {
            lastsatae = state;
            state = 0;
        }
        else
        {
            state = lastsatae;
        }
  }
}

void Init_All(void)
{
    HC138_select(5);
    P0 = 0;
    HC138_select(4);
    P0 = 0XFF;
}
```

```
void main(void)
{
    Init_All();
    Timer0Init();
    Init_INT();

    while(1)
    {
    }
}
```

思考与练习

1．请使用本开发板，利用 P2.4 引脚输出一个周期为 10ms、占空比为 40%的 PWM 信号，并使用示波器观察输出信号是否正确。

2．请使用本开发板，利用 P3.4 引脚模拟输出一个周期为 10ms 的三角波信号，并使用示波器观察输出信号是否正确。

第 11 章　串行口通信应用

11.1　基础知识

串行口通信是单片机与外部设备之间进行数据传输的一种通信方式。

根据数据传输方式，常用的串行口通信方式可以分为两种：串行通信和并行通信。

串行通信是指使用一根数据线将数据一位一位地依次传输，每位数据占据一个固定的时间长度，就像只有一条车道（数据线）的街道一次只能允许一辆车（位）通行。它的优点是只需几根线（如数据线、时钟线或地线等）便可实现系统与系统或系统与部件间的数据交换，且传输距离较长，因此被广泛应用于嵌入式系统。它的缺点是由于只使用一根数据线，因此数据传输速率较低。

并行通信是指通过多根数据线同时传输数据的每一位，这样，数据传输速率大大提高，但并行传输的线路长度受到限制，因为长度增加，干扰就会增加，所以数据也就容易出错。

串行通信成本低、通信可靠、安装方便，应用较为广泛。单片机应用于数据采集或工业控制时，常作为下位机安装在工业现场，远离上位机，现场数据常采用串行通信方式发往上位机进行处理，上位机也通常通过串行通信方式发送命令给下位机。

串行通信按数据同步方式分为异步通信和同步通信。

在同步通信中，收发设备双方会使用一根信号线表示时钟信号，在时钟信号的驱动下，双方进行协调，同步数据。在同步通信中，通常双方会统一规定在时钟信号的上升沿或下降沿对数据线进行采样。

在异步通信中，不使用时钟信号进行数据同步，而直接在数据信号中穿插一些用于同步的信号位，或者对主体数据进行打包，以帧的格式传输数据。异步通信依靠起始位、停止位保持通信同步。也就是说，异步通信双方拥有各自独立的时钟，是一种利用字符的再同步技术进行通信的方式。

异步通信中包括字符帧格式和波特率两个重要指标。

一帧数据包含起始位、数据位、校验位和停止位。最常见的帧格式为 1 个起始位、8 个数据位、1 个校验位和 1 个停止位，帧与帧之间可以有空闲位。起始位占 1 位，用逻辑“0”表示传输开始。起始位通过通信线传向接收设备，接收设备检测到这个信号后，开始准备接收数据。起始位的作用是使得通信双方在传输数据位前协调同步。起始位后面紧接着的是数据位，数据位在传输过程中规定低位在前、高位在后。紧跟数据位的是奇偶校验位，占 1 位，用于有限差错校验，通信双方应约定一致的奇偶校验方式。奇偶校验位是可选择的，用户可选择奇校验、偶校验或无校验。停止位在最后，用逻辑“1”表示一帧传输的结束。停止位可以是 1～2 位。接收设备收到停止位后，即表示上一帧发送完毕，通信线路上重新恢复逻辑“1”状态，直到下一帧的起始位到来。

异步通信可以是连续的，也可以是断续的。连续发送指的是一帧的停止位之后紧接着发送下一帧的起始位，进行下一帧的传输。断续发送是指在一帧结束后，使数据线处于空闲状态（空闲为逻辑“1”），直到下一帧的起始位到来。

异步通信对硬件要求较低，实现起来比较简单、灵活，适用于数据的随机发送/接收，但因每个字节都要建立一次同步，即每个字符都要额外附加两位，所以工作速度较低。在单片机系统中，主要采用异步通信方式。

某些通信中还需要双方约定数据的传输速率，以便更好地同步。波特率是衡量数据传输速率的指标。

波特率是串行通信中一个重要的概念，是指传输数据的速率。波特率的定义是每秒传输数据的位数，即

1 波特=1 位/秒（lbit/s）

波特率的倒数即每位传输所需的时间。波特率越高，数据传输速率越高，但和字符的实际传输速率不同。字符的实际传输速率是指每秒传输的帧数，与字符帧的格式有关。

由以上串行通信的原理可知，互相通信的双方必须具有相同的波特率，否则无法成功地完成串行通信。

串行通信的制式按照数据传输方向可分为 3 种。

（1）单工制式。

单工（Simplex）制式是指双方通信时只能单向传输数据。系统组成以后，发送方和接收方固定。这种通信制式很少应用，但在某些串行 I/O 设备中使用了这种制式，如早期的打印机和计算机之间，数据传输只需要一个方向，即从计算机至打印机。

（2）半双工制式。

半双工（Half Duplex）制式是指通信双方都具有发送设备和接收设备，既可发送又可接收，但不能同时接收和发送，即发送时不能接收，接收时不能发送。

（3）全双工制式。

全双工（Full Duplex）制式是指通信双方都具有发送设备和接收设备，并且信道划分为发送信道和接收信道，因此全双工制式可实现双方同时发送和接收数据，发送时能接收，接收时也能发送。

在串行通信中，往往要考虑在通信过程中对数据差错进行校验，因为差错校验是保证准确无误通信的关键。常用的差错校验方法有奇偶校验、累加和校验及循环冗余校验等。

1. 奇偶校验

在发送数据时，数据位尾随的 1 位为奇偶校验位（1 或 0），当设置为奇校验时，数据中 1 的个数与校验位 1 的个数之和应为奇数；当设置为偶校验时，数据中 1 的个数与校验位 1 的个数之和应为偶数。在接收数据时，接收方应具有与发送方一致的差错校验设置，当接收 1 帧字符时，对 1 的个数进行校验，若二者不一致，则说明数据传输过程中出现了差错。

奇偶校验的特点是按字符进行校验，数据传输速率将受到影响，一般只用于异步串行通信。

2. 累加和校验

累加和校验是指发送方将所发送的数据块求和，并将校验和附加到数据块末尾。接收方接收数据时也对数据块进行求和，将所得结果与发送方的校验和进行比较，若两者一致，则

说明无差错，否则即出现了差错。校验和的加运算可用逻辑加，也可用算术加。累加和校验的缺点是无法校验出字节位序（或 1、0 位序不同）错误。

3．循环冗余校验

循环冗余校验（Cyclic Redundancy Check，CRC）的基本原理是，将一个数据块看作一个位数很长的二进制数，用一个特定的数去除它，将余数作为校验码附在数据块后一起发送。接收方收到该数据块和校验码后，进行同样的运算，以此来校验传输是否出错。目前，CRC 已广泛用于数据存储和数据通信中，并在国际上形成规范，现已有不少现成的 CRC 软件算法。

当然，还有很多其他的校验方法，这里就不再一一列举了。

UART 的全称是通用异步接收发送设备（Universal Asynchronous Receiver/Transmitter），它是一种异步收发传输器，是设备间进行异步通信的关键模块。UART 负责处理数据总线和串行口之间的串/并转换和并/串转换，并规定了帧格式；通信双方只要采用相同的帧格式和波特率，就能在未共享时钟信号的情况下，仅用两根数据线（RX 和 TX）完成通信过程，因此也称为异步串行通信。UART 可以实现全双工传输和接收。

UART 的优点如下。

（1）通信只需两根数据线。

（2）无须时钟信号。

（3）有奇偶校验位，方便通信的差错校验。

（4）只需接收方和发送方设置好数据包结构即可稳定通信。

UART 的缺点如下。

（1）传输速率较低。

（2）接口使用一根信号线和一根信号返回线构成共地的传输形式，这种共地的传输形式容易产生共模干扰，因此其抗噪声干扰性弱。

（3）传输距离有限，数据帧最大支持 9 位数据。

IAP15F2K61S2 单片机内部有两个采用 UART 工作方式的全双工串行口（串行口 1 和串行口 2）。每个串行口由两个数据缓冲器、一个移位寄存器、一个串行控制寄存器和一个波特率发生器等组成。每个串行口的数据缓冲器由两个相互独立的接收数据缓冲器、发送数据缓冲器构成，可以同时发送和接收数据。发送数据缓冲器只能写入不能读出，接收数据缓冲器只能读出不能写入。因而两个数据缓冲器可以公用一个地址码。串行口 1 的两个数据缓冲器的公用地址是 99H，串行口 2 的两个数据缓冲器的公用地址是 9BH。

IAP15F2K61S2 单片机的串行口有 4 种工作方式，有的工作方式的波特率是可变的。用户通过软件编程的方法在串行控制寄存器中写入相应的控制字节，即可改变串行口的波特率和工作方式。

IAP15F2K61S2 单片机与串行口 1 相关的部分特殊功能寄存器如表 11-1 所示。

表 11-1　IAP15F2K61S2 单片机与串行口 1 相关的部分特殊功能寄存器

名称	地址	bit7	bit6	bit5	bit4	bit3	bit2	bit1	bit0
SCON	98H	SM0	SM1	SM2	REN	TB8	RB8	TI	RI
AUXR	8EH	***	***	UART_M0x6	***	***	***	***	S1ST2

在 SCON 寄存器中，各位的含义如下。

RI：串行口 1 接收中断标志位。若串行口 1 允许接收且以工作方式 0 工作，则每当收到第 8 位数据时，将该位置 1；若以工作方式 1/2/3 工作且 SM2 为 0，则每当收到停止位的中间时，将该位置 1；当串行口以工作方式 2 或工作方式 3 工作且 SM 为 1 时，则仅当收到的第 9 位数据 RB8 为 1 后，同时在收到停止位的中间时，将该位置 1。RI 为 1 表示串行口 1 正向 CPU 申请中断，RI 必须由用户的中断处理程序清零。

TI：串行口 1 发送中断标志位。串行口 1 以工作方式 0 发送数据时，每发送完 8 位数据，就由硬件将该位置 1；若以工作方式 1/2/3 发送数据，则在发送停止位的开始时将该位置 1。TI 为 1 表示串行口 1 正在向 CPU 申请中断，TI 必须由用户的中断处理程序清零。

串行通信的中断请求：当一帧数据发送完成后，内部硬件自动置位 TI，即 TI=1，请求中断处理；当接收完一帧数据时，内部硬件自动置位 RI，即 RI=1，请求中断处理。由于 TI 和 RI 以或逻辑关系向主机请求中断，因此主机响应中断时事先并不知道是 TI 还是 RI 请求的中断，必须在中断处理程序中查询 TI 和 RI 进行判别，并分别处理。因此，它们均不能由硬件自动清零，必须通过软件清零，否则将出现一次请求多次响应的错误。

其中，SM0、SM1 按下列组合确定串行口 1 的工作方式。

当 SM0=0，SM1=0 时，选择工作方式 0，即同步移位串行方式。

当 SM0=0，SM1=1 时，选择工作方式 1，即 8 位 UART，波特率可变。

当 SM0=1，SM1=0 时，选择工作方式 2，即 9 位 UART。

当 SM0=1，SM1=1 时，选择工作方式 3，即 9 位 UART，波特率可变。

SM2：允许工作方式 2 或工作方式 3 舵机通信控制位。

REN：允许/禁止串行接收控制位，由软件置位 REN，即 REN=1 时，为允许串行接收状态，可启动串行接收器 RxD，开始接收数据；由软件复位 REN，即 REN=0，为禁止串行接收状态。

TB8：在工作方式 2 或工作方式 3 下要发送的第 9 位数据，按需要由软件置位或清零。例如，它可用作数据的校验位或多机通信中表示地址帧/数据帧的标志位。在工作方式 0 和工作方式 1 下，该位不可用。

RB8：在工作方式 2 或工作方式 3 下收到的第 9 位数据，作为奇偶校验位或地址帧/数据帧的标志位。在工作方式 0 下，不用 RB8（置 SM2=0）。在工作方式 1 下，也不用 RB8（置 SM2=0，RB8 是收到的停止位）。

在 AUXR 寄存器中，各位的含义如下。

UART_M0x6：串行口模式 0 的通信速度设置位。将该位置 0 时，串行口 1 模式 0 的速度是传统 8051 单片机串行口的速度，12 分频；将该位置 1 时，串行口 1 模式 0 的速度是传统 8051 单片机串行口速度的 6 倍，2 分频。

S1ST2：串行口 1（UART1）选择定时器 2 作为波特率发生器的控制位。该位为 0 时，选择定时器 1 作为串行口 1 的波特率发生器；该位为 1 时，选择定时器 2 作为串行口 1 的波特率发生器，此时定时器 1 得到释放，可以作为独立定时器使用。

对于 STC15 系列单片机，串行口 2 只能使用定时器 2 作为其波特率发生器，而不能选择其他定时器；串行口 1 默认选择定时器 2 作为其波特率发生器，也可以选择定时器 1；串行口 3 默认选择定时器 2 作为其波特率发生器，也可以选择定时器 3；串行口 4 默认选择定时器 2 作为其波特率发生器，也可以选择定时器 4。

11.2 项目分析

11.2.1 项目要求

系统上电后，通过串行口 1 向上位机发送提示符“Init OK!”；系统运行期间，上位机发送指令“how#”；若系统正常，则开发板回应“System is running！”。

上位机发送控制 LED 的字符串指令，具体协议如下。

“LED*L#”：*为 1～8，分别代表 LED1～LED8，L 为亮灯指令，#为结束符。

“LED*M#”：*为 1～8，分别代表 LED1～LED8，M 为灭灯指令，#为结束符。

“LED9L#”：9 代表全部 8 个 LED，L 为亮灯指令，#为结束符。

“LED9M#”：9 代表全部 8 个 LED，M 为灭灯指令，#为结束符。

11.2.2 流程分析

串行口通信应用软件流程图如 11-1 所示。

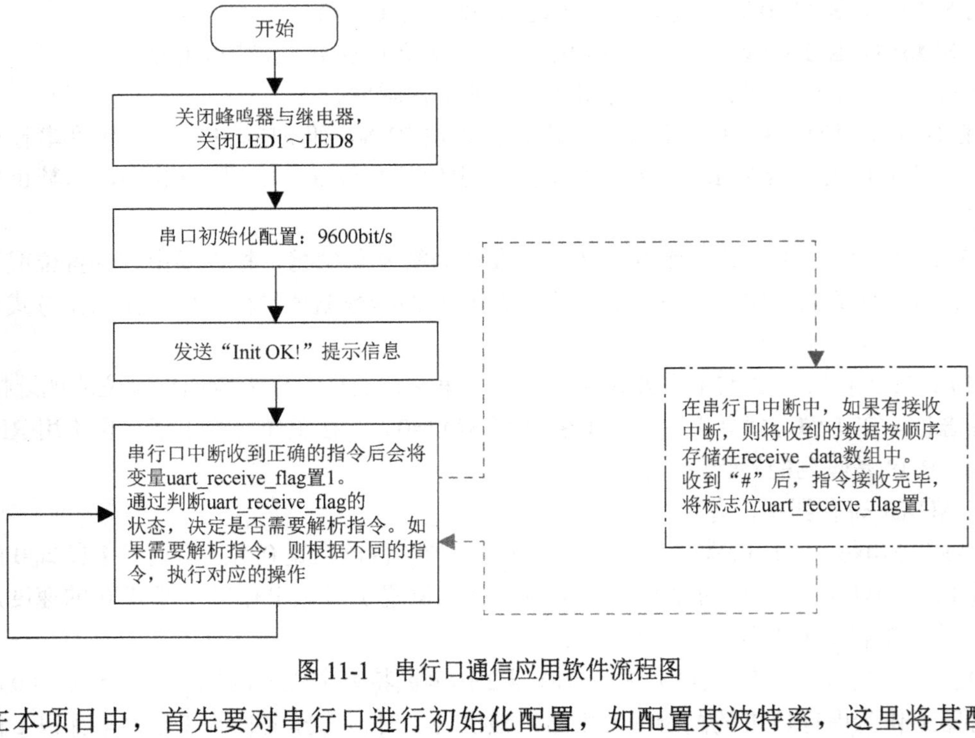

图 11-1　串行口通信应用软件流程图

在本项目中，首先要对串行口进行初始化配置，如配置其波特率，这里将其配置为 9600bit/s。根据要求，首先通过串行口发送提示信息“Init OK!”；之后通过串行口中断接收数据，指令的结束符号都是“#”，因此在中断中，如果收到一组数据并以“#”结束，就认为这是一条指令，将 uart_receive_flag 标志位置 1。

在主循环中，通过判断 uart_receive_flag 是否为 1 来确定是否收到指令，如果该位为 1，则解析数据，并根据事先约定好的协议进行相关操作，如返回提示信息、控制 LED 亮灭等。

11.2.3 参考代码分析

在使用串行口前，要对串行口进行初始化。本项目使用常用的波特率，将其设置为 9600bit/s，并且使用定时器 1 作为其波特率发生器。具体设置为，在系统时钟频率为 12MHz 的情况下，数据位设为 8 位，停止位设为 1 位，无奇偶校验位，并且开启串行口中断。串行口初始化代码如下：

```
void UartInit(void)         //9600bit/s，12MHz
{
    SCON = 0X50;            //8 位数据，可变波特率
    AUXR &= 0XBF;           //定时器使用 12T 方式
    AUXR &= 0XFE;           //串行口 1 选择定时器 1 作为其波特率发生器
    TMOD &= 0X0F;           //设置定时器的工作方式
    TL1 = 0XE6;             //设置定时器的初值
    TH1 = 0XFF;             //设置定时器的初值
    ET1 = 0;                //禁止定时器中断
    TR1 = 1;                //定时器 1 开始计时
    EA = 1;
    ES = 1;
}
```

通过串行口发送数据，如果发送完成，则 TI 会自动置 1。因此使用串行口发送一字节数据，只需将数据赋给 SBUF（数据发送寄存器）即可，串行口将会自动将数据发送出去，并在发送完成后，自动将 TI 置 1。利用串行口发送一字节数据的函数代码如下：

```
void Uart_sendbyte(unsigned char dat)
{
    SBUF = dat;
    while(TI == 0);
    TI = 0;
}
```

上面介绍了利用串行口发送一字节数据的函数，因为字符串都是以“\0”结尾的，所以自定义一个发送字符串的函数，代码如下：

```
void Uart_sendString(unsigned char *str)
{
    while(*str !='\0')
        Uart_sendbyte(*str++);
}
```

在串行口中断中，将收到的数据按顺序存储在 receive_data 数组中，如果收到“#”，则认为指令接收完毕，便将 uart_receive_flag 置 1；否则继续接收数据，直至收到“#”或接收数据的长度大于规定长度（认为接收错误）。串行口中断代码如下：

```
void UART_Handler() interrupt 4
{
    if(RI==1)
    {
        receive_data[datanum] = SBUF;
        RI = 0;
        if(receive_data[datanum]=='#')
        {
```

```
            uart_receive_flag = 1;
        }

        if(uart_receive_flag==0)
        {
            datanum++;
            if(datanum>9)
            {
                datanum = 0;
                for(ii=0;ii<10;ii++)
                {
                    receive_data[ii] = 0;
                }
            }
        }
    }
}
```

在主函数中，先对系统进行初始化操作，关闭蜂鸣器、LED 等；然后利用发送字符串的函数，按照项目要求发送“Init OK!”提示信息；最后，在主循环中，通过 uart_receive_flag 变量判断是否收到指令，如果收到指令，则判断指令信息。

如果指令为“how#”，则通过串行口发送“System is running!”的提示信息。

如果指令为“LED*L#”，则根据*（取值为 1～9）指示的不同，点亮不同的 LED。

如果指令为“LED*M#”，则根据*（取值为 1～9）指示的不同，熄灭不同的 LED。

相关指令解析代码如下：

```
void main(void)
{
    Init_All();
    UartInit();
    Uart_sendString("Init OK!\r\n");
    while(1)
    {
        if(uart_receive_flag==1)
        {
            if((datanum==3)&&(receive_data[0]=='h')&&(receive_data[1]=='o')&&
(receive_data[2]=='w'))
            {
                Uart_sendString("System is running! \r\n");
            }
            else if((datanum==5)&&(receive_data[0]=='L')&&(receive_data[1]=='E')&&
                    (receive_data[2]=='D')&&(receive_data[4]=='L'))
            {
                switch(receive_data[3])
                {
                    case '1':
                        HC138_select(4);
                    P0 &= 0XFE;
                        break;
                    case '2':
                        HC138_select(4);
```

```
                P0 &= 0XFD;
                    break;
                case '3':
                    HC138_select(4);
                P0 &= 0XFB;
                    break;
                case '4':
                    HC138_select(4);
                P0 &= 0XF7;
                    break;
                case '5':
                    HC138_select(4);
                P0 &= 0XEF;
                    break;
                case '6':
                    HC138_select(4);
                P0 &= 0XDF;
                    break;
                case '7':
                    HC138_select(4);
                P0 &= 0XBF;
                    break;
                case '8':
                    HC138_select(4);
                P0 &= 0XBF;
                    break;
                case '9':
                    HC138_select(4);
                P0 = 0X00;
                    break;
                default:
                    break;
            }
        }
        else if((datanum==5)&&(receive_data[0]=='L')&&(receive_data[1]=='E')
                &&(receive_data[2]=='D')&&(receive_data[4]=='M'))
        {
            switch(receive_data[3])
            {
                case '1':
                  HC138_select(4);
                P0 |= 0X01;
                    break;
                case '2':
                  HC138_select(4);
                P0 |= 0X02;
                    break;
                case '3':
                    HC138_select(4);
                P0 |= 0X04;
                    break;
                case '4':
```

```
                    HC138_select(4);
                P0 |= 0X08;
                    break;
                case '5':
                    HC138_select(4);
                P0 |= 0X10;
                    break;
                case '6':
                    HC138_select(4);
                P0 |= 0X20;
                    break;
                case '7':
                    HC138_select(4);
                P0 |= 0X40;
                    break;
                case '8':
                    HC138_select(4);
                P0 |= 0X80;
                    break;
                case '9':
                    HC138_select(4);
                P0 = 0XFF;
                    break;
                default:
                    break;
            }
        }
        uart_receive_flag = 0;
        datanum = 0;
    }
}
}
```

11.3 本例代码

main.c 文件中的代码如下：

```
#include <stc15.h>

unsigned char receive_data[10] = 0;
unsigned char datanum = 0;
unsigned char uart_receive_flag = 0;
unsigned char ii = 0;

void HC138_select(unsigned char pos)
{
    switch(pos)
    {
        case 4://LED
            P2 = (P2&0X1F)|0X80;
            break;
```

```
        case 5://BUZZ
            P2 = (P2&0X1F)|0XA0;
            break;
        case 6://SEG-COM
            P2 = (P2&0X1F)|0XC0;
            break;
        case 7://SEG-a-dp
            P2 = (P2&0X1F)|0XE0;
            break;
        default:
            P2 = (P2&0X1F);
        break;
    }
}

void Init_All(void)
{
    HC138_select(5);
    P0 = 0;
    HC138_select(4);
    P0 = 0XFF;
}

void UartInit(void)        //9600bit/s, 12MHz
{
    SCON = 0X50;
    AUXR &= 0XBF;
    AUXR &= 0XFE;
    TMOD &= 0X0F;
    TL1 = 0XE6;
    TH1 = 0XFF;
    ET1 = 0;
    TR1 = 1;
    EA = 1;
    ES = 1;
}

void Uart_sendbyte(unsigned char dat)
{
    SBUF = dat;
    while(TI == 0);
    TI = 0;
}

void Uart_sendString(unsigned char *str)
{
    while(*str !='\0')
        Uart_sendbyte(*str++);
}

void UART_Handler() interrupt 4
{
```

```
    if(RI==1)
    {
        receive_data[datanum] = SBUF;
        RI = 0;
        if(receive_data[datanum]=='#')
        {
            uart_receive_flag = 1;
        }

        if(uart_receive_flag==0)
        {
            datanum++;
            if(datanum>9)
            {
                datanum = 0;
                for(ii=0;ii<10;ii++)
                {
                    receive_data[ii] = 0;
                }
            }
        }
    }
}

void main(void)
{
    Init_All();
    UartInit();
    Uart_sendString("Init OK!\r\n");
    while(1)
    {
        if(uart_receive_flag==1)
        {
            if((datanum==3)&&(receive_data[0]=='h')&&(receive_data[1]=='o')&&
(receive_data[2]=='w'))
            {
                Uart_sendString("System is running! \r\n");
            }
            else if((datanum==5)&&(receive_data[0]=='L')&&(receive_data[1]=='E')&&
                 (receive_data[2]=='D')&&(receive_data[4]=='L'))
            {
                switch(receive_data[3])
                {
                    case '1':
                            HC138_select(4);
                    P0 &= 0XFE;
                        break;
                    case '2':
                            HC138_select(4);
                    P0 &= 0XFD;
                        break;
                    case '3':
```

```
            HC138_select(4);
        P0 &= 0XFB;
            break;
        case '4':
            HC138_select(4);
        P0 &= 0XF7;
            break;
        case '5':
            HC138_select(4);
        P0 &= 0XEF;
            break;
        case '6':
            HC138_select(4);
        P0 &= 0XDF;
            break;
        case '7':
            HC138_select(4);
        P0 &= 0XBF;
            break;
        case '8':
            HC138_select(4);
        P0 &= 0XBF;
            break;
        case '9':
            HC138_select(4);
        P0 = 0X00;
            break;
        default:
            break;
    }
}
else if((datanum==5)&&(receive_data[0]=='L')&&(receive_data[1]=='E')
        &&(receive_data[2]=='D')&&(receive_data[4]=='M'))
{
    switch(receive_data[3])
    {
        case '1':
          HC138_select(4);
        P0 |= 0X01;
            break;
        case '2':
          HC138_select(4);
        P0 |= 0X02;
            break;
        case '3':
            HC138_select(4);
        P0 |= 0X04;
            break;
        case '4':
            HC138_select(4);
        P0 |= 0X08;
            break;
```

```
                case '5':
                    HC138_select(4);
                P0 |= 0X10;
                    break;
                case '6':
                    HC138_select(4);
                P0 |= 0X20;
                    break;
                case '7':
                    HC138_select(4);
                P0 |= 0X40;
                    break;
                case '8':
                    HC138_select(4);
                P0 |= 0X80;
                    break;
                case '9':
                    HC138_select(4);
                P0 = 0XFF;
                    break;
                default:
                    break;
            }
        }
        uart_receive_flag = 0;
        datanum = 0;
    }
}
}
```

11.4 结果展示

程序编写完成并下载到开发平台后，在计算机端打开串行口调试助手，根据实际情况选取正确的串行口号，对串行口按表 11-2 中的参数进行设置。

表 11-2 串行口参数

名称	参数
波特率	9600bit/s
数据位	8 位
停止位	1 位
奇偶校验位	无

对于软件的接收和发送参数，均设置为“ASCII”模式。全部设置完成后，打开该软件。开发平台上电后，通过串行口调试助手可以收到开发平台发来的提示信息“Init OK!”，在软件下方的“数据发送”编辑框中，根据项目要求发送相关指令，开发平台收到后，就会执行相应操作。例如，开发平台收到指令“how#”，便会将系统正常运行的提示信息显示出来，如图 11-2 所示。发送与 LED 相关的指令能控制 LED 的亮灭。

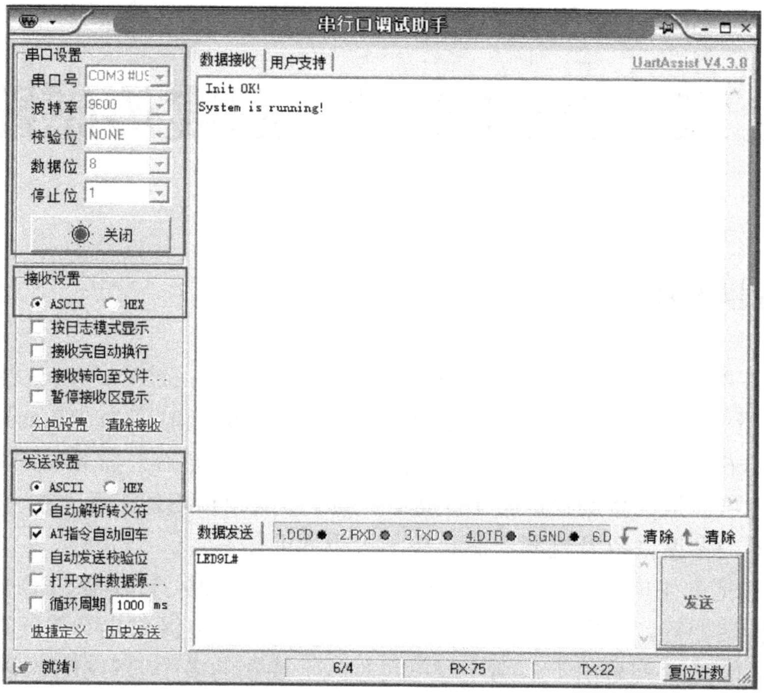

图 11-2　串行口调试助手界面

思考与练习

1．请试着将本项目参考代码中串行口初始化部分的波特率设置为 115200bit/s，其他要求不变。

2．如果串行口 1 选择定时器 1 作为其波特率发生器，那么定时器 1 是否还能作为普通定时器使用呢？

第 12 章 DS18B20 温度传感器应用

12.1 基础知识

DS18B20 是单线接口数字温度传感器，测量范围为-55～+125℃，-10～+85℃内的测量精度是±0.5℃，测量分辨率为 9～12 位(复位值为 12 位，最大转换时间为 750ms)。每个 DS18B20 都有一个独特的 64 位序列号，从而允许多个 DS18B20 同时连在一根单线总线上。因此，用一个微控制器就可以很简单地控制很多覆盖在一大片区域的 DS18B20，这一特性在探测建筑物、仪器或机器的温度，以及过程监测和控制等方面非常有用。

DS18B20 包括寄生电源电路、64 位 ROM 和单线接口电路、暂存器、EEPROM、8 位 CRC 生成器和温度传感器等。其中，寄生电源电路可以实现外部电源供电和单线寄生供电，64 位 ROM 中存放的 48 位序列号用于识别同一单线总线上连接的多个 DS18B20，以实现多点测温。

64 位 ROM 代码的格式为

8 位 CRC 码 ＋48 位序列号 ＋8 位系列码（0X28）

其中，8 位 CRC 码是 48 位序列号和 8 位系列码的 CRC 码。

DS18B20 的操作指令包括如下 3 类。

（1）复位指令。

（2）ROM 指令。

（3）功能指令。

其中，DS18B20 的 ROM 指令和功能指令分别如表 12-1、表 12-2 所示。

表 12-1 DS18B20 的 ROM 指令

指令	代码	参数或返回值	说明
搜索 ROM	0XF0	—	搜索单线总线上连接的多个 DS18B20，搜索后重新初始化
读取 ROM	0X33	ROM 代码	读取单个 DS18B20 的 64 位序列号
匹配 ROM	0X55	ROM 代码	寻址指定 ROM 代码的 DS18B20
跳过 ROM	0XCC	—	寻址所有单线总线上连接的多个 DS18B20
搜索报警	0XEC	—	搜索单线总线上连接的有报警标志的 DS18B20

表 12-2 DS18B20 的功能指令

指令	代码	参数或返回值	说明
转换温度	0X44	0：转换；1：完成	启动温度转换，转换结果存放在暂存器的 0、1 字节中
读暂存器	0XBE	9 字节数据	读取暂存器的 0～8 字节
写暂存器	0X4E	TH、TL、CR	将 TH、TL 和 CR 值写入暂存器的 2～4 字节
复制暂存器	0X48	—	将暂存器的 2～4 字节复制到 EEPROM 中
调回 EEPROM	0XB8	0：调回；1：完成	将 EEPROM 的值调回暂存器的 2～4 字节
读电源模式	0XB4	—	确定 DS18B20 是否使用单线寄生供电模式

DS18B20 的暂存器如表 12-3 所示。

表 12-3　DS18B20 的暂存器

地址	名称	类型	复位值	说明
0	温度值低 8 位	只读	0X0550	b15～b11：符号位。b10～b4：7 位整数。b3～b0：4 位小
1	温度值高 8 位	只读	（85℃）	数（补码）
2	TH 或用户字节 1	读写	EEPROM	b7：符号位。b6～b0：7 位温度报警高值（补码）
3	TL 或用户字节 2	读写	EEPROM	b7：符号位。b6～b0：7 位温度报警低值（补码）
4	配置寄存器 CR	读写	EEPROM	b6～b5：分辨率（00～11：9～12 位）
5:7	保留	只读	0X100CFF	—
8	CRC	只读	EEPROM	暂存器 0～7 数据 CRC 码

温度转换后的结果存放在前两位中，因此，用户只需读取前两位数据即可得到温度值。CT107D 开发平台上的 DS18B20 电路如图 12-1 所示。

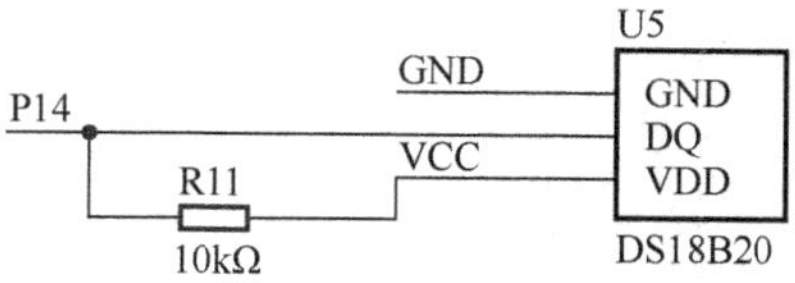

图 12-1　CT107D 开发平台上的 DS18B20 电路

每次对 DS18B20 进行任何操作前必须先发送一次复位信号，再发送跳过 ROM 指令（通常在使用单个 DS18B20 时，无须读取 ROM，因此跳过）。之后便可对 DS18B20 进行正常操作。DS18B20 的工作流程图如图 12-2 所示。

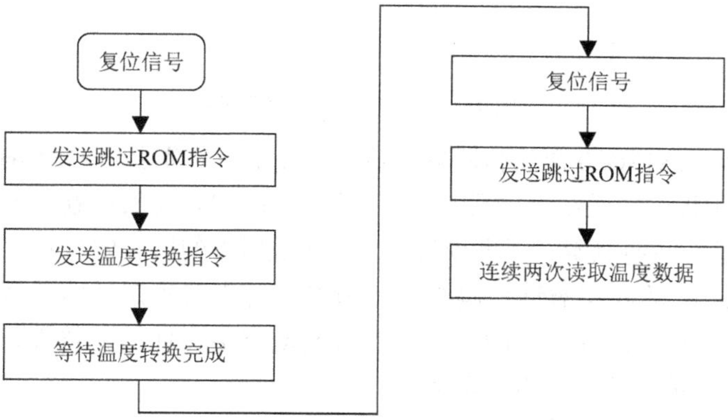

图 12-2　DS18B20 的工作流程图

12.2　项目分析

12.2.1　项目要求

在 CT107D 开发平台上，读取 DS18B20 的温度值，并将温度值用数码管的后 3 位显示，保留小数点后 1 位。

注意：可参考使用官方提供的驱动代码文件 onewire.c 和 onewire.h，但是不能直接使用，应先核实函数声明及延时函数的参数。

12.2.2 流程分析

本项目软件流程图如图 12-3 所示。

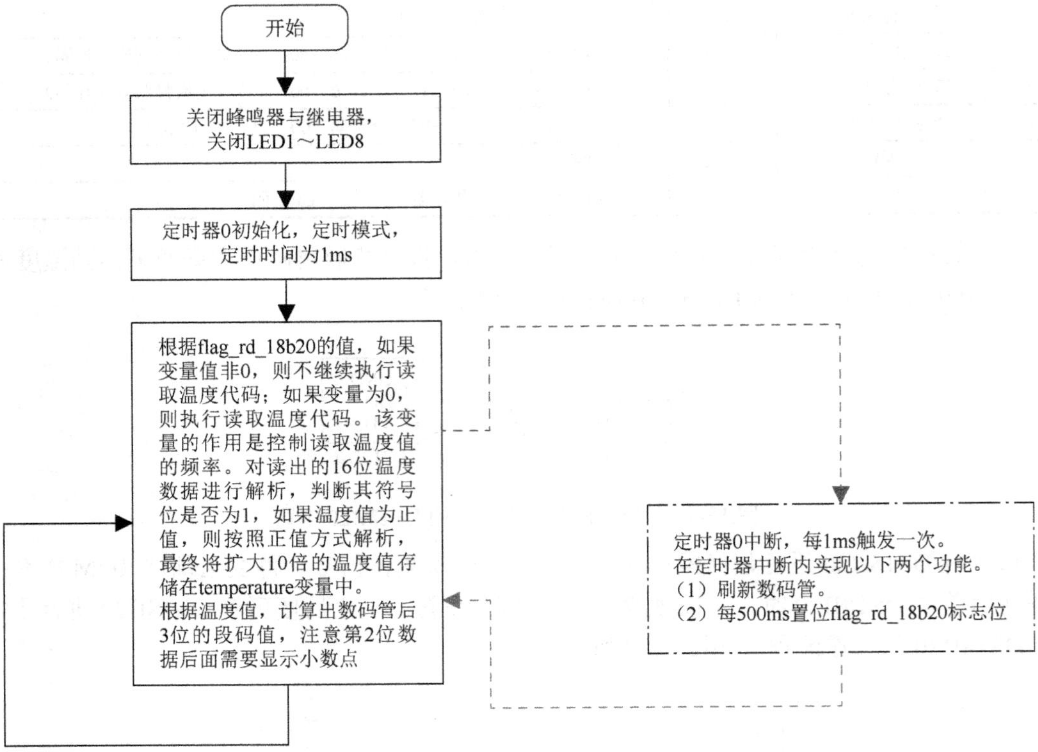

图 12-3 本项目软件流程图

本项目要求读取 DS18B20 温度传感器的数据并显示，首先要将 DS18B20 的底层驱动代码文件正确地移植到工程中。系统上电后，单片机循环启动 DS18B20 温度转换，并将 DS18B20 的温度转换结果读出，进行换算，根据项目要求，在数码管的后 3 位显示，保留小数点后 1 位。

在进行 DS18B20 的底层驱动代码文件移植时，首先要确定单线总线的时序参数是否匹配，如果不匹配，则需要进行适当的调整；其次要检查头文件的完整性，如果头文件中存在代码缺失，则需要根据实际情况补充完整。

DS18B20 的底层驱动代码文件有两个，分别是源文件 onewire.c 和头文件 onewire.h，将这两个文件复制到项目的工程文件夹下。

打开头文件进行检查，在头文件 onewire.h 中，应当有 DS18B20 初始化、读数据、写数据 3 个函数的声明，如果不完整，则需要补充完整。

onewire.h 文件中的参考代码如下：

```
#ifndef __ONEWIRE_H
#define __ONEWIRE_H

#include <stc15.h>

sbit DQ = P1^4;
```

```
bit init_ds18b20(void);
unsigned char Read_DS18B20(void);
void Write_DS18B20(unsigned char dat);

unsigned int rd_temperature(void);
#endif
```

在源文件 onewire.c 中，首先注意驱动代码文件的时序参数是否匹配，这主要影响 onewire.c 文件中的内部延时函数 Delay_OneWire()。该函数的参考代码如下：

```
void Delay_OneWire(unsigned int t)
{
    unsigned char i;
    while(t--)
    {
        for(i=0;i<12;i++);
    }
}
```

利用 onewire.c 中的单线总线写函数、读函数、初始化函数，结合 CT107D 开发平台实际电路，编写一个 DS18B20 的温度采集函数。

读取 DS18B20 温度数据的步骤如下。

（1）复位 DS18B20。

（2）写入字节 0XCC，跳过 ROM 指令。

（3）写入字节 0X44，开始进行温度转换。

（4）延时。

（5）复位 DS18B20。

（6）写入字节 0XCC，跳过 ROM 指令。

（7）写入字节 0XBE，读取暂存器。

（8）读取暂存器的第 0 个字节，即温度数据的低字节。

（9）读取暂存器的第 1 个字节，即温度数据的高字节。

（10）将温度数据的高低字节组合成一个 16 位数据。

（11）判断读取结果的符号，进行正负温度的数据处理。

DS18B20 的温度采集函数的代码如下：

```
unsigned int rd_temperature(void)
{
    unsigned char low,high;

    init_ds18b20();
    Write_DS18B20(0XCC);
    Write_DS18B20(0X44);
    Delay_OneWire(200);

    init_ds18b20();
    Write_DS18B20(0XCC);
    Write_DS18B20(0XBE);

    low = Read_DS18B20();
    high = Read_DS18B20();
```

```
    return (high<<8)+low;
}
```

源文件 onewire.c 中的参考代码如下：

```
#include "onewire.h"
void Delay_OneWire(unsigned int t)  //修改过，此为1T方式
{
    unsigned char i;
    while(t--)
    {
        for(i=0;i<12;i++);
    }
}

void Write_DS18B20(unsigned char dat)
{
    unsigned char i;
    for(i=0;i<8;i++)
    {
        DQ = 0;
        DQ = dat&0X01;
        Delay_OneWire(5);
        DQ = 1;
        dat >>= 1;
    }
    Delay_OneWire(5);
}

unsigned char Read_DS18B20(void)
{
    unsigned char i;
    unsigned char dat;

    for(i=0;i<8;i++)
    {
        DQ = 0;
        dat >>= 1;
        DQ = 1;
        if(DQ)
        {
            dat |= 0X80;
        }
        Delay_OneWire(5);
    }
    return dat;
}

bit init_ds18b20(void)
{
    bit initflag = 0;
    DQ = 1;
    Delay_OneWire(12);
```

```
    DQ = 0;
    Delay_OneWire(80);
    DQ = 1;
    Delay_OneWire(10);
    initflag = DQ;
    Delay_OneWire(5);
    return initflag;
}

unsigned int rd_temperature(void) //新添自定义函数
{
    unsigned char low,high;

    init_ds18b20();
    Write_DS18B20(0XCC);
    Write_DS18B20(0X44);
    Delay_OneWire(200);

    init_ds18b20();
    Write_DS18B20(0XCC);
    Write_DS18B20(0XBE);

    low = Read_DS18B20();
    high = Read_DS18B20();

    return (high<<8)+low;
}
```

如果在 CT107D 开发平台上读取 DS18B20 温度传感器的数据，则只需调用 rd_temperature()函数，其返回值为暂存器中的 16 位温度数据。该数据的具体格式详见表 12-3。

需要注意的是，DS18B20 以 16 位带符号位扩展的二进制补码形式读出，16 位温度数据的高 5 位为符号位，中间 7 位为整数部分，低 4 位为小数部分。

12.2.3　参考代码分析

将 onewire.c 和 onewire.h 两个文件添加到工程后，在 main()函数中进行代码的编写。

数码管的数据刷新使用定时器 0 实现。

在 main()函数的主循环中，定时调用 rd_temperature()函数读取温度数据即可。

在 main()函数中，自定义一个计算温度数据的函数 Cal_temperature_ds18b20()：

```
void Cal_temperature_ds18b20(void)
{
    unsigned char tempdata = 0;

    if(flag_rd_18b20) return;
    flag_rd_18b20 = 1;

    temperature = rd_temperature();
    if((temperature&0XF800)==0X0000)
    {
        tempdata = temperature&0X000F;
```

```
        temperature = temperature >>4;
        temperature = temperature*10;
        temperature = temperature + tempdata*0.0625*10;   //温度值扩大 10 倍
    }
    seg_dat[5] = SEG_CODE[temperature/100] ;              //实际温度值的十位
    seg_dat[6] = SEG_PointCODE[(temperature%100)/10];     //实际温度值的个位
    seg_dat[7] = SEG_CODE[temperature%10] ;               //实际温度值的第一个小数位
}
```

DS18B20 的分辨率为 0.0625，当读出的数据为正值时，将 16 位数直接乘以 0.0625 即可；当读出的数据为负值时，将读出的 16 位数取反加 1 后乘以 0.0625。

由于本项目要求保留小数点后 1 位，因此，为了方便处理，将得到的温度值扩大 10 倍并存放在变量 temperature 中，这样，只需计算该变量的百位、十位、个位即可得出实际温度值，并在数码管的后 3 位显示读取的温度值。

12.3 本例代码

main.c 文件中的代码如下：

```
#include <stc15.h>
#include "onewire.h"

unsigned char SEG_CODE[17]
={0XC0,0XF9,0XA4,0XB0,0X99,0X92,0X82,0XF8,0X80,0X90,0X88,0X83,0XC6,0XA1,0X86,0X8E,
0XBF};
unsigned char SEG_PointCODE[17]
={0X40,0X79,0X24,0X30,0X19,0X12,0X02,0X78,0X00,0X10,0X08,0X03,0X46,0X21,0X06,0X0E,
0X3F};

void HC138_select(unsigned char pos)
{
    switch(pos)
    {
        case 4://LED
            P2 = (P2&0X1F)|0X80;
            break;
        case 5://BUZZ
            P2 = (P2&0X1F)|0XA0;
            break;
        case 6://SEG-COM
            P2 = (P2&0X1F)|0XC0;
            break;
        case 7://SEG-a-dp
            P2 = (P2&0X1F)|0XE0;
            break;
        default:
            P2 = (P2&0X1F)|0X00;
        break;
    }
}
```

```
void Seg_DisplayBit(unsigned char pos,unsigned char dat)
{
      HC138_select(7);
      P0 = 0XFF;
      HC138_select(6);
      P0 = 0X01<<(pos-1);
      HC138_select(7);
      P0 = dat;
}

//12MHz, 1ms
void Timer0Init(void)
{
    AUXR &= 0X7F;
    TMOD &= 0XF0;
    TL0 = 0X18;
    TH0 = 0XFC;
    TF0 = 0;
    TR0 = 1;
    ET0 = 1;
    EA = 1;
}

void Init_All(void)
{
    HC138_select(5);
    P0 = 0;
    HC138_select(4);
    P0 = 0XFF;
}

unsigned int temperature = 0;
unsigned int cnt1ms = 0;
unsigned int flag_rd_18b20 = 0;
unsigned char seg_pos = 0;
unsigned char seg_dat[8] = {0XFF,0XFF,0XFF,0XFF,0XFF,0XFF,0XFF,0XFF};

void Timer0_Handler(void) interrupt 1
{
    cnt1ms++;
    if(++flag_rd_18b20 == 500)
    {
        flag_rd_18b20 = 0;
    }

    seg_pos++;
    Seg_DisplayBit(seg_pos,seg_dat[seg_pos-1]);
    if(seg_pos == 8)
    {
        seg_pos = 0;
    }
```

```
}

void Cal_temperature_ds18b20(void)
{
    unsigned char tempdata = 0;

    if(flag_rd_18b20) return;
    flag_rd_18b20 = 1;

    temperature = rd_temperature();
    if((temperature&0XF800)==0X0000)
    {
        tempdata = temperature&0X000F;
        temperature = temperature >>4;
        temperature = temperature*10;
        temperature = temperature + tempdata*0.0625*10;    //温度值扩大 10 倍
    }
    seg_dat[5] = SEG_CODE[temperature/100] ;               //实际温度值的十位
    seg_dat[6] = SEG_PointCODE[(temperature%100)/10];      //实际温度值的个位
    seg_dat[7] = SEG_CODE[temperature%10] ;                //实际温度值的第 1 个小数位
}

void main(void)
{
    Init_All();
    init_ds18b20();
    Timer0Init();

    while(1)
    {
        Cal_temperature_ds18b20();
    }
}
```

思考与练习

1．在本项目的基础上，将读取的温度值在数码管的后 4 位显示，保留小数点后 2 位。

2．通过 S4 切换读取的温度值显示方法，分别在只显示整数、显示小数点后 1 位、显示小数点后 2 位之间顺序切换。

第 13 章　DS1302 实时时钟应用

13.1　基础知识

DS1302 是由美国 DALLAS 公司推出的具有涓细电流充电能力的低功耗实时时钟芯片。它可以以年、月、日、周、时、分、秒为单位进行计时，并且具有闰年补偿等多种功能。DS1302 的工作电压为 2～5.5V，采用三线接口与 CPU 进行同步通信，并可采用突发方式一次传送多字节的时钟信号或 RAM 数据。DS1302 内部有一个 31×8 的用于临时性存放数据的 RAM 寄存器。DS1302 是 DS1202 的升级产品，与 DS1202 兼容，但增加了主电源/后备电源双电源引脚，同时提供了对后备电源进行涓细电流充电的能力。DS1302 引脚功能如图 13-1 所示。

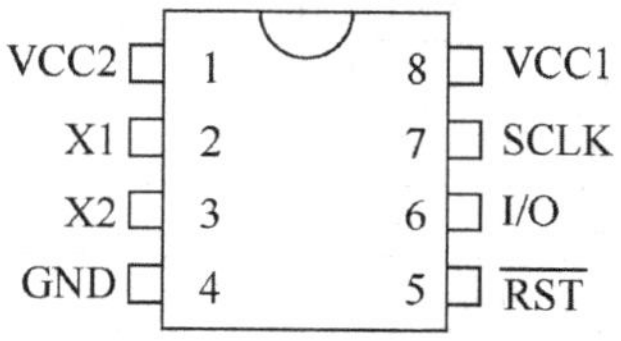

图 13-1　DS1302 引脚功能

DS1302 各引脚功能说明如表 13-1 所示。

表 13-1　DS1302 各引脚功能说明

序号	名称	功能
1	VCC2	双供电配置中的主电源供应引脚
2	X1	32.768kHz 晶振引脚
3	X2	
4	GND	电源地
5	$\overline{\text{RST}}$	复位信号/片选信号
6	I/O	数据输入/输出引脚，三线接口时的双向数据线
7	SCLK	串行时钟引脚，用来同步串行口上的数据动作
8	VCC1	后备电源引脚。在使用涓细电流充电的系统中，该引脚连接可再充能量源

DS1302 工作于 V_{CC1} 和 V_{CC2} 中的较大者，当 V_{CC2} 比 V_{CC1} 高 0.2V 及以上时，VCC2 给 DS1302 供电；当 V_{CC1} 比 V_{CC2} 高时，VCC1 给 DS1302 供电。

DS1302 的通信是 SPI 的变异种类，它用了 SPI 的通信时序，但是通信时没有完全按照 SPI 的规则。SPI 通信通常的工作方式是主从模式，这种模式有一个主器件和一个或多个从器件，其接口包括以下 4 种信号。

（1）MOSI：主器件数据输出，从器件数据输入。

（2）MISO：主器件数据输入，从器件数据输出。

（3）SCLK：时钟信号，由主器件产生。

（4）$\overline{\text{CS}}$：片选信号，由主器件产生。

DS1302 与上面的 SPI 信号不完全一样，其中，I/O 代替了 MOSI 和 MISO，利用一根数据线进行数据的输入和输出。

简单来说，DS1302 是一款高性能、低功耗的实时时钟，采用 SPI 三线接口与单片机进行同步通信，并可采用突发方式一次传送多字节的时钟参数和 RAM 数据，该期间附带 31 字节的静态 RAM。

DS1302 中有两个存储器，分别是用于记录实时时间的日历时钟寄存器和用于记录其他数据的静态 RAM 存储器。

其中，日历时钟寄存器地址定义如表 13-2 所示。

表 13-2　日历时钟寄存器地址定义

读寄存器	写寄存器	bit7	bit6	bit5	bit4	bit3	bit2	bit1	bit0	范围
81H	80H	CH	10 秒			秒				00～59
83H	82H		10 分			分				00～59
85H	84H	1:12 0:24	0	10 AM/PM	时	时				1～12 0～23
87H	86H	0	0	10 日		日				1～31
89H	88H	0	0	0	10 月	月				1～12
8BH	8AH	0	0	0	0	0	周日			1～7
8DH	8CH	10 年				年				00～99
8FH	8EH	WP	0	0	0	0	0	0	0	—

秒寄存器（80H 和 81H）的位 7（bit7）（CH）为时钟暂停标志位，当 CH 为 1 时，时钟振荡停止；当 CH 为 0 时，时钟开始运行。

控制寄存器（8EH 和 8FH）的位 7（WP）为写保护位，当 WP 为 0 时，可对任何时钟寄存器或 RAM 寄存器进行写操作；当 WP 为 1 时，禁止对任何寄存器进行写操作。

从 DS1302 寄存器中读出的数据是 BCD 码格式的。以时间单位分为例，若从 83H 寄存器中读出的数据为 46H，则此时分钟数为 46。尽管其在阅读上与十进制的读法一致，但必须注意，从寄存器中读出的数据是十六进制格式的，必须以十六进制 BCD 码格式向 DS1302 写入，否则会导致数据错误。从寄存器中读出的十六进制 BCD 码格式数据与十进制数据的对照举例如表 13-3 所示。

表 13-3　从寄存器中读出的十六进制 BCD 码格式数据与十进制数据的对照举例

读出的数据	0X46							
二进制格式数据	0	1	0	0	0	1	1	0
对应的十进制格式数据	十进制十位：4				十进制个位：6			

可见，以单位时间分为例，若变量 bcd 代表 BCD 码格式数据，变量 x 代表十进制数据，则 BCD 码格式数据转十进制数据可写为：

```
x = bcd/16 * 10 + bcd%16
```

十进制数据转 BCD 码格式数据可写为：

```
bcd = (x/10)<<4 | (x%10)
```

操作 DS1302 的大致过程是，先将各种数据写入 DS1302 寄存器，以设置它当前的时间格式；然后使 DS1302 开始工作，DS1302 时钟会按照设置情况运转；最后使用单片机将其寄存器内的数据读出。

通俗地讲，向 DS1302 写入的指令叫作控制字，其格式如表 13-4 所示。

表 13-4　DS1302 控制字的格式

bit7	bit6	bit5	bit4	bit3	bit2	bit1	bit0
1	1：RAM 0：CK	A4	A3	A2	A1	A0	1：RD 0：WR

bit7 必须为 1，如果该位为 0，则不能把数据写入 DS1302。

bit6 为 0 表示存取日历时钟数据，该位为 1 表示存取 RAM 数据。

bit5～bit1 用来表示操作单元的地址。

bit0 为 0 表示写操作，该位为 1 表示读操作。

DS1302 写字节时序如图 13-2 所示，其中，第 1 个字节是地址字节，第 2 个字节是数据字节。RST 信号必须拉高，否则数据的输入是无效的。地址字节和数据字节读取时上升沿有效，而且由 LSB 开始读入。

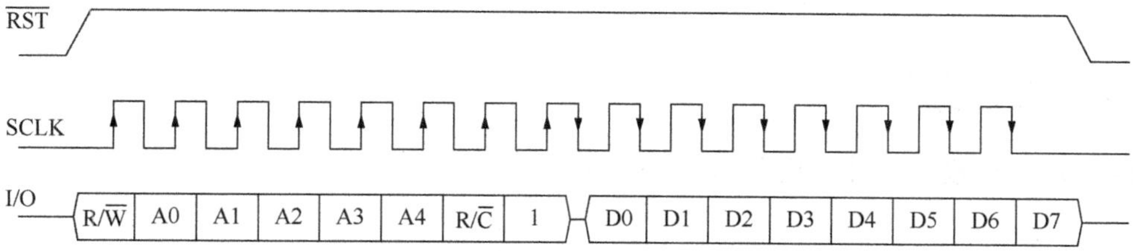

图 13-2　DS1302 写字节时序

DS1302 读字节时序如图 13-3 所示，读字节和写字节不一样。首先写地址字节，然后读数据字节，写地址字节时上升沿有效，读数据字节时下降沿有效。

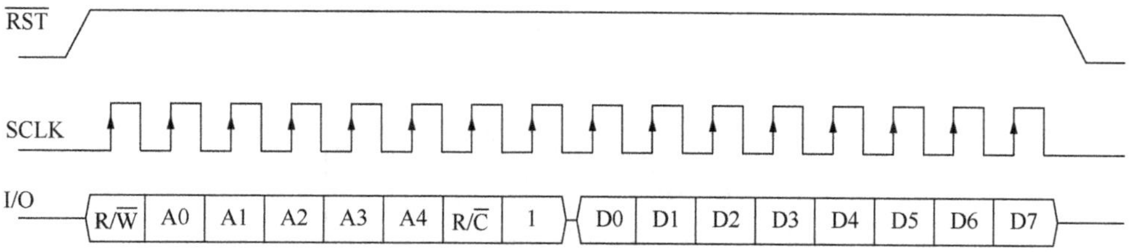

图 13-3　DS1302 读字节时序

CT107D 开发平台上的 DS1302 电路如图 13-4 所示。

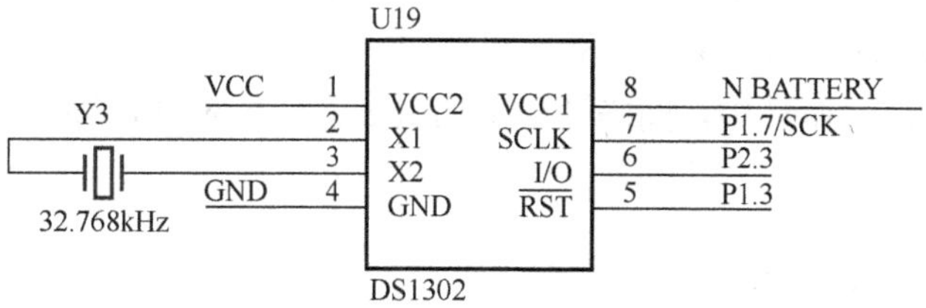

图 13-4　CT107D 开发平台上的 DS1302 电路

13.2 项目分析

13.2.1 项目要求

在 CT107D 开发平台上，设置 DS1302 的参数为 2022 年 11 月 30 日，23:59:34，周三，并将时间用数码管实时显示出来，数码管从左到右显示“时-分-秒”。

数码管第 1 位显示“时”的十位。

数码管第 2 位显示“时”的个位。

数码管第 3 位显示“-”。

数码管第 4 位显示“分”的十位。

数码管第 5 位显示“分”的个位。

数码管第 6 位显示“-”。

数码管第 7 位显示“秒”的十位。

数码管第 8 位显示“秒”的个位。

可参考官方提供的驱动代码文件 ds1302.c 和 ds1302.h 及芯片参考手册，注意 BCD 码的转换。

13.2.2 流程分析

DS1302 程序设计软件流程图如图 13-5 所示。

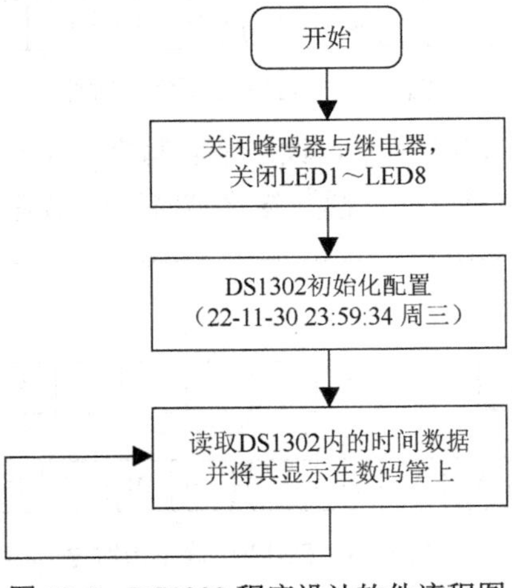

图 13-5　DS1302 程序设计软件流程图

本项目流程比较简单，根据项目要求，在初始化 DS1302 时，对该芯片进行配置，将其时间数据配置为 2022 年 11 月 30 日，23:59:34，周三。

初始化完成后，在主循环中，间隔读取 DS1302 中日历时钟寄存器的数据，并将时-分-秒按要求在数码管上显示出来。

13.2.3 参考代码分析

ds1302.h 中的参考代码如下：

```
#ifndef __DS1302_H
#define __DS1302_H
#include <stc15.h>
#include <intrins.h>

sbit SCK = P1^7;
sbit SDA = P2^3;
sbit RST = P1^3;

void Write_Ds1302(unsigned char temp);
void Write_Ds1302_Byte( unsigned char address,unsigned char dat );
unsigned char Read_Ds1302_Byte( unsigned char address );

#endif
```

从图 13-4 中可以看出，在 CT107D 开发平台上，DS1302 的 SCLK 对应单片机的 P1.7 引脚，$\overline{\text{RST}}$ 对应单片机的 P1.3 引脚，数据引脚 I/O 对应单片机的 P2.3 引脚。

因此，在 ds1302.h 中，定义了 SCK、SDA、RST 三个引脚。

另外，在 ds1302.h 中，还声明了 DS1302 的读/写函数。

ds1302.c 中的参考代码如下：

```
#include "ds1302.h"
void Write_Ds1302(unsigned  char temp)
{
    unsigned char i;
    for (i=0;i<8;i++)
    {
        SCK = 0;
        SDA = temp&0X01;
        temp>>=1;
        SCK=1;
    }
}

void Write_Ds1302_Byte( unsigned char address,unsigned char dat )
{
    RST=0;   _nop_();
    SCK=0;   _nop_();
    RST=1;   _nop_();
    Write_Ds1302(address);
    Write_Ds1302(dat);
    RST=0;
}

unsigned char Read_Ds1302_Byte ( unsigned char address )
{
    unsigned char i,temp=0X00;
    RST=0;   _nop_();
    SCK=0;   _nop_();
    RST=1;   _nop_();
    Write_Ds1302(address);
```

```
    for (i=0;i<8;i++)
    {
        SCK=0;
        temp>>=1;
        if(SDA)
        temp|=0X80;
        SCK=1;
    }
    RST=0;   _nop_();
    SCK=0;   _nop_();
    SCK=1;   _nop_();
    SDA=0;   _nop_();
    SDA=1;   _nop_();
    return (temp);
}
```

在 ds1302.c 中，定义了写数据函数 Write_Ds1302_Byte()，其中，address 为地址值，dat 为数据值。如果向地址 0X8E 中写入数据 0X00，则为 Write_Ds1302_Byte(0X8E,0X00)。另外，还定义了读数据函数 Read_Ds1302_Byte()，该函数的参数为地址值，其返回值就是从地址值处读取的数据。

通过 ds1302.c 中定义的函数，就可以对 DS1302 进行读/写操作。

根据项目要求，需要对 DS1302 进行初始化，在 main.c 文件中，定义了存储读地址的数组 DS1302_Read_ADDR、存储写地址的数组 DS1302_Write_ADDR、存储初始化数据的数组 DS1302_init_Data 及存储读出数据的数组 DS1302_Buf。

定义一个函数 DS1302_Init()，对 DS1302 进行初始化，参考代码如下：

```
unsigned char DS1302_Write_ADDR[7] = {0X80,0X82,0X84,0X86,0X88,0X8A,0X8C};
unsigned char DS1302_Read_ADDR[7] = {0X81,0X83,0X85,0X87,0X89,0X8B,0X8D};
unsigned char DS1302_init_Data[7] = {0X34,0X59,0X23,0X30,0X11,0X03,0X22};
unsigned char DS1302_Buf[7];

void DS1302_Init(void)
{
    unsigned char i;
    Write_Ds1302_Byte(0X8E,0X00);
    for(i=0;i<7;i++)
    {
        Write_Ds1302_Byte(DS1302_Write_ADDR[i],DS1302_init_Data[i]);
    }
    Write_Ds1302_Byte(0X8E,0X80);
}
```

在函数 DS1302_Init()中，首先将控制寄存器（8EH 和 8FH）的位 7（WP）设置为 0，这样就可对日历时钟寄存器进行写操作；然后将项目要求的初始化时间日期数据写入对应的寄存器地址，完成初始化。初始化完成后，再次将 WP 位置 1。

设置完成后，使用 Read_DS1302_Time()函数读取日历时钟寄存器中的数据，读出的数据均存放在 DS1302_Buf 数组中。注意：读出的数据为 BCD 码格式。参考代码如下：

```
void Read_DS1302_Time(void)
{
    unsigned char i;
```

```
    for(i=0;i<7;i++)
    {
        DS1302_Buf[i] = Read_Ds1302_Byte(DS1302_Read_ADDR[i]);
    }
}
```

对于 2 位 BCD 码，转换关系如下。

BCD 码转十进制：DEC=BCD/16 * 10+BCD%16。

十进制转 BCD 码：BCD=DEC/10 * 16+DEC%10。

将时、分、秒数据的十位、个位数据计算完成后，显示在数码管的对应位即可。

参考代码如下：

```
void Display_Time(void)
{
    Seg_DisplayBit(1,SEG_CODE[DS1302_Buf[2]/16]);
    Delay(100);
    Seg_DisplayBit(2,SEG_CODE[DS1302_Buf[2]%16]);
    Delay(100);
    Seg_DisplayBit(3,0XBF);
    Delay(100);
    Seg_DisplayBit(4,SEG_CODE[DS1302_Buf[1]/16]);
    Delay(100);
    Seg_DisplayBit(5,SEG_CODE[DS1302_Buf[1]%16]);
    Delay(100);
    Seg_DisplayBit(6,0XBF);
    Delay(100);
    Seg_DisplayBit(7,SEG_CODE[DS1302_Buf[0]/16]);
    Delay(100);
    Seg_DisplayBit(8,SEG_CODE[DS1302_Buf[0]%16]);
    Delay(100);

    HC138_select(6);
    P0 = 0XFF;
    HC138_select(7);
    P0 = 0XFF;
}
```

13.3　本例代码

main.c 文件中的代码如下：

```
#include <stc15.h>
#include "ds1302.h"

unsigned char SEG_CODE[17]
={0XC0,0XF9,0XA4,0XB0,0X99,0X92,0X82,0XF8,0X80,0X90,0X88,0X83,0XC6,0XA1,0X86,0X8E,
0XBF};
unsigned char DS1302_Write_ADDR[7] = {0X80,0X82,0X84,0X86,0X88,0X8A,0X8C};
unsigned char DS1302_Read_ADDR[7] = {0X81,0X83,0X85,0X87,0X89,0X8B,0X8D};

// 22-11-30 23:59:34 WENSDAY
```

```
unsigned char DS1302_init_Data[7] = {0X34,0X59,0X23,0X30,0X11,0X03,0X22};
unsigned char DS1302_Buf[7];

void Delay(unsigned int t)
{
    while(t--);
}

void HC138_select(unsigned char pos)
{
    switch(pos)
    {
        case 4://LED
            P2 = (P2&0X1F)|0X80;
            break;
        case 5://BUZZ
            P2 = (P2&0X1F)|0XA0;
            break;
        case 6://SEG-COM
            P2 = (P2&0X1F)|0XC0;
            break;
        case 7://SEG-a-dp
            P2 = (P2&0X1F)|0XE0;
            break;
        default:
            P2 = (P2&0X1F)|0X00;
        break;
    }
}

void Seg_DisplayBit(unsigned char pos,unsigned char dat)
{
    HC138_select(7);
    P0 = 0XFF;
    HC138_select(6);
    P0 = 0X01<<(pos-1);
    HC138_select(7);
    P0 = dat;
}

void Init_All(void)
{
    HC138_select(5);
    P0 = 0;
    HC138_select(4);
    P0 = 0XFF;
}

void DS1302_Init(void)
{
    unsigned char i;
    Write_Ds1302_Byte(0X8E,0X00);
```

```
    for(i=0;i<7;i++)
    {
        Write_Ds1302_Byte(DS1302_Write_ADDR[i],DS1302_init_Data[i]);
    }
    Write_Ds1302_Byte(0X8E,0X80);
}

void Read_DS1302_Time(void)
{
    unsigned char i;
    for(i=0;i<7;i++)
    {
        DS1302_Buf[i] = Read_Ds1302_Byte(DS1302_Read_ADDR[i]);
    }
}

void Display_Time(void)
{
    Seg_DisplayBit(1,SEG_CODE[DS1302_Buf[2]/16]);
    Delay(100);
    Seg_DisplayBit(2,SEG_CODE[DS1302_Buf[2]%16]);
    Delay(100);
    Seg_DisplayBit(3,0XBF);
    Delay(100);
    Seg_DisplayBit(4,SEG_CODE[DS1302_Buf[1]/16]);
    Delay(100);
    Seg_DisplayBit(5,SEG_CODE[DS1302_Buf[1]%16]);
    Delay(100);
    Seg_DisplayBit(6,0XBF);
    Delay(100);
    Seg_DisplayBit(7,SEG_CODE[DS1302_Buf[0]/16]);
    Delay(100);
    Seg_DisplayBit(8,SEG_CODE[DS1302_Buf[0]%16]);
    Delay(100);

    HC138_select(6);
    P0 = 0XFF;
    HC138_select(7);
    P0 = 0XFF;
}

void main(void)
{
    Init_All();
    DS1302_Init();
    while(1)
    {
        Read_DS1302_Time();
        Display_Time();
    }
}
```

思考与练习

1．在本项目的基础上，通过 S4 来触发，将日期设置为 2023 年 06 月 10 日，时间设置为 11:59:03，周六。

2．在实现上一题的基础上，添加新功能，通过 S5 切换数码管显示界面，实现界面 1 与界面 2 的轮流切换。界面 1 显示的是“时-分-秒”，其中，时占 2 位，分占 2 位，秒占 2 位，3 组数据中间以“-”隔开；界面 2 显示的是“年-月-日”，其中，年占 2 位，月占 2 位，日占 2 位，3 组数据中间以“-”隔开。

第 14 章　NE555 定时器应用

14.1　基础知识

NE555（计时 IC）为 8 脚时基集成电路，体积小、质量轻、稳定可靠、操作电源范围大、输出端的电流供给能力强、计时精度高、温度稳定度佳，且价格便宜。NE555 属于 555 系列计时 IC 的一种型号。555 系列计时 IC 的引脚功能及运用都是相容的，只是型号不同，价格不同，其稳定度、省电性能、可产生的振荡频率也不大相同。而 NE555 是一款用途很广且相当普遍的计时 IC，只需少数的电阻和电容，便可产生数位电路所需的各种不同频率的脉波信号。

在 NE555 内部，有 3 个 5kΩ 的电阻分压，故称 555 定时器。

NE555 是纯硬件设计，硬件确定后，其功能就确定了，整个模块无可编程部分。在 CT107D 开发平台上，NE555 相关电路如图 14-1 所示。

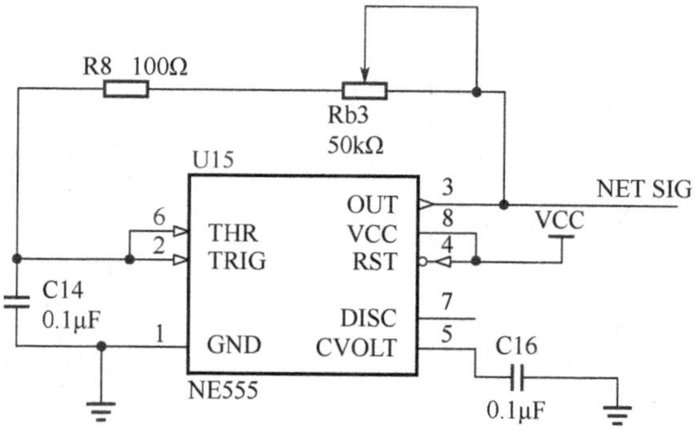

图 14-1　NE555 相关电路

NE555 的输出频率不能通过单片机来直接控制，是由硬件的可调电阻进行调节的。为了能够知道 NE555 的输出频率，需要控制单片机对 NE555 的输出信号进行测量并显示。因此对 NE555 的使用就是利用定时器的计数模式对方波信号进行测量。

在 CT107D 开发平台上，NE555 及其外围电路组成了一个信号发生电路，通过可调电阻 Rb3 可改变输出频率。

14.2　项目分析

14.2.1　项目要求

已知 CT107D 开发平台上的 NE555 的输出引脚为 J13 的 SIGNAL（图 14-1 中的 NET SIG），可以通过 Rb3 来调节 NE555 输出到 SIGNAL 引脚的方波的频率。

本项目要求如下。

用短路环或导线将 J13 的 SIGNAL 引脚与 P3.4 引脚短接，即 NE555 的输出信号输入单片机的 P3.4 引脚。实时测量 NE555 的 SIGNAL 引脚输出的方波的频率，并将频率显示在数码管的后 5 位（当频率值位数不够 5 位时，未用到的位不显示）。例如，频率为 5345Hz，只在数码管的后 4 位显示 5345；如果频率为 38Hz，则只在数码管的后 2 位显示 38。数码管最左边一位显示大写字符“F”，提示现在测量的为频率值。

注意：在调节 Rb3 时，请使用合适的工具，如一字螺丝刀，并注意用电安全；使用金属工具时，注意不要造成元器件短路；金属工具或导线不要随便乱搭乱放，谨防短路。

14.2.2 流程分析

在 CT107D 开发平台上，P3.4 引脚是定时器 0 的计数输入引脚。

利用定时器 0 来计数（一个脉冲计一次），利用定时器 1 来定时。假定定时器 1 每 1ms 中断一次，中断 1000 次统计定时器 0 的计数值，得到的计数值就是相应的频率。NE555 应用程序软件流程图如图 14-2 所示。

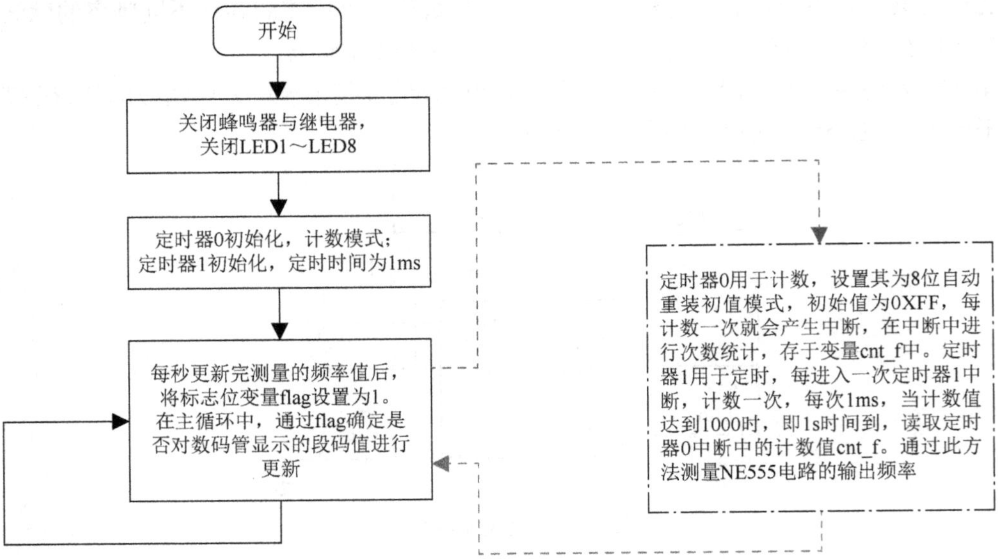

图 14-2 NE555 应用程序软件流程图

14.2.3 参考代码分析

```
unsigned int cnt_f=0;
unsigned int cnt_t1 = 0;
unsigned int dat_f = 0;
unsigned char flag = 0;
```

在 main.c 文件的开头，定义了 4 个变量，cnt_f 用来存储 1s 内计数器统计的计数次数，即频率；cnt_t1 用来存储定时器 1 的计数值，该值为 1～1000，当该值为 1000 时，说明 1s 时间到；dat_f 用于存储计算出的频率；flag 标志位置 1 说明新的一秒计算出的信号频率已更新。

```
void TimerInit(void)
{
    //T0
    AUXR &= 0X7F;
    TMOD &= 0XF0;
```

```
    TMOD |= 0X06;
    TL0 = 0XFF;
    TH0 = 0XFF;
    TF0 = 0;
    TR0 = 1;

    //T1: 1ms, 12MHz
    AUXR &= 0XBF;
    TMOD &= 0X0F;
    TL1 = 0X18;
    TH1 = 0XFC;
    TF1 = 0;
    TR1 = 1;

    ET0 = 1;
    ET1 = 1;
    EA = 1;
}

void Timer0_Handler(void) interrupt 1
{
  cnt_f++;
}

void Timer1_Handler(void) interrupt 3
{
  cnt_t1++;
    if(cnt_t1 == 1000)
    {
        dat_f = cnt_f;
        cnt_f = 0;
        cnt_t1 = 0;
        flag = 1;
    }

    seg_bit++;
    Seg_DisplayBit(seg_bit,seg_data[seg_bit-1]);
    if(seg_bit==8)
    {
        seg_bit = 0;
    }
}
```

利用定时器/计数器 0 来计数，将初值设置为最大值，在这种情况下，计数一次，计数值就会溢出，产生中断，在定时器/计数器 0 的中断处理函数中进行计数，该计数值就是 NE555 输出的方波的个数。利用定时器 1 来定时，若定时器 1 的定时时间为 1ms，则在使能中断情况下，每 1ms 进入中断一次，连续进入中断 1000 次，意味着时间到达 1s，此时定时器 0 的计数值就是相应的频率。

```
void check_segdat(void)
{
   if(flag ==1)
```

```
    {
        flag = 0;
        if(dat_f>9999)
        {
            seg_data[3] = SEG_CODE[dat_f/10000];
        }
        else
        {
            seg_data[3] = 0XFF;
        }
        if(dat_f>999)
        {
            seg_data[4] = SEG_CODE[(dat_f/1000)%10];
        }
        else
        {
            seg_data[4] = 0XFF;
        }
        if(dat_f>99)
        {
            seg_data[5] = SEG_CODE[(dat_f/100)%10];
        }
        else
        {
            seg_data[5] = 0XFF;
        }
        if(dat_f>9)
        {
            seg_data[6] = SEG_CODE[(dat_f/10)%10];
        }
        else
        {
            seg_data[6] = 0XFF;
        }

        seg_data[7] = SEG_CODE[dat_f%10];
    }
}
```

通过 flag 标志位是 1 还是 0 来决定是否要更新数码管显示的段码值数据。如果 flag 标志位为 1，则更新数码管显示的段码值数据。

14.3 本例代码

main.c 文件中的代码如下：

```
#include <stc15.h>

unsigned int cnt_f=0;
unsigned int cnt_t1 = 0;
unsigned int dat_f = 0;
```

```
unsigned char flag = 0;
unsigned char seg_bit = 0;
unsigned char seg_data[8] = {0X8E,0XFF,0XFF,0XFF,0XFF,0XFF,0XFF,0XFF};
unsigned char SEG_CODE[17]
={0XC0,0XF9,0XA4,0XB0,0X99,0X92,0X82,0XF8,0X80,0X90,0X88,0X83,0XC6,0XA1,0X86,0X8E,
0XBF};

void HC138_select(unsigned char pos)
{
    switch(pos)
    {
        case 4://LED
            P2 = (P2&0X1F)|0X80;
            break;
        case 5://BUZZ
            P2 = (P2&0X1F)|0XA0;
            break;
        case 6://SEG-COM
            P2 = (P2&0X1F)|0XC0;
            break;
        case 7://SEG-a-dp
            P2 = (P2&0X1F)|0XE0;
            break;
        default:
            P2 = (P2&0X1F)|0X00;
        break;
    }
}

void Init_All(void)
{
    HC138_select(5);
    P0 = 0;
    HC138_select(4);
    P0 = 0XFF;
}

void Seg_DisplayBit(unsigned char pos,unsigned char dat)
{
    HC138_select(7);
    P0 = 0XFF;
    HC138_select(6);
    P0 = 0X01<<(pos-1);
    HC138_select(7);
    P0 = dat;
}

void TimerInit(void)
{
    //T0
    AUXR &= 0X7F;
    TMOD &= 0XF0;
```

```
    TMOD |= 0X06;
    TL0 = 0XFF;
    TH0 = 0XFF;
    TF0 = 0;
    TR0 = 1;

    //T1: 1ms, 12MHz
    AUXR &= 0XBF;
    TMOD &= 0X0F;
    TL1 = 0X18;
    TH1 = 0XFC;
    TF1 = 0;
    TR1 = 1;

    ET0 = 1;
    ET1 = 1;
    EA = 1;
}

void Timer0_Handler(void) interrupt 1
{
  cnt_f++;
}

void Timer1_Handler(void) interrupt 3
{
  cnt_t1++;
    if(cnt_t1 == 1000)
    {
        dat_f = cnt_f;
        cnt_f = 0;
        cnt_t1 = 0;
        flag = 1;
    }

    seg_bit++;
    Seg_DisplayBit(seg_bit,seg_data[seg_bit-1]);
    if(seg_bit==8)
    {
        seg_bit = 0;
    }
}

void check_segdat(void)
{
    if(flag ==1)
    {
        flag = 0;
        if(dat_f>9999)
        {
            seg_data[3] = SEG_CODE[dat_f/10000];
        }
```

```
        else
        {
            seg_data[3] = 0XFF;
        }
        if(dat_f>999)
        {
            seg_data[4] = SEG_CODE[(dat_f/1000)%10];
        }
        else
        {
            seg_data[4] = 0XFF;
        }
        if(dat_f>99)
        {
            seg_data[5] = SEG_CODE[(dat_f/100)%10];
        }
        else
        {
            seg_data[5] = 0XFF;
        }
        if(dat_f>9)
        {
            seg_data[6] = SEG_CODE[(dat_f/10)%10];
        }
        else
        {
            seg_data[6] = 0XFF;
        }

        seg_data[7] = SEG_CODE[dat_f%10];
    }
}

void main(void)
{
    Init_All();
    TimerInit();
    while(1)
    {
        check_segdat();
    }
}
```

思考与练习

在本项目中，定时器 1 的定时时间为 1ms，请将定时时间设置为 10ms 或 100ms，重新实现本项目。

第 15 章　PCF8591-A/D 转换应用

15.1　基础知识

PCF8591 是单片、单电源、低功耗 8 位 CMOS 数据采集器件，具有 4 个模拟输入、1 个输出和 1 个串行 I2C 总线接口。它的 3 个地址引脚 A0、A1 和 A2 用于编程硬件地址，允许将最多 8 个器件连接至 I2C 总线而不需要额外硬件。器件的地址、控制和数据通过两线双向 I2C 总线进行传输。

它的功能包括多路复用模拟输入、片上跟踪和保持、8 位 A/D 转换和 8 位 D/A 转换（最高转换速率取决于串行 I2C 总线的最高速率）。

它的工作电压为 2.5～6V。

PCF8591 的引脚图如图 15-1 所示。

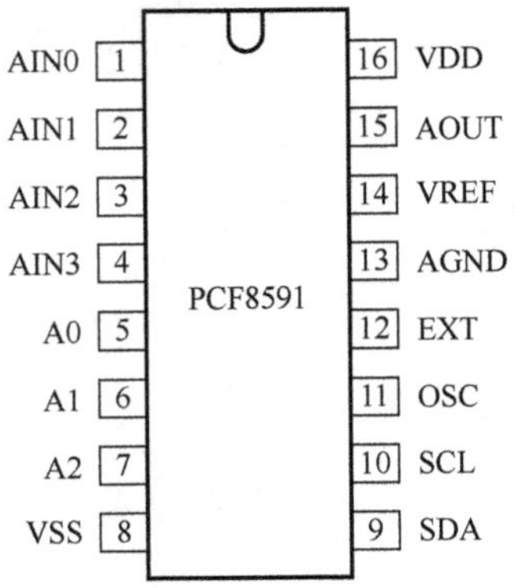

图 15-1　PCF8591 的引脚图

PCF8591 各引脚功能如表 15-1 所示。

表 15-1　PCF8591 各引脚功能

序号	名称	功能描述
1	AIN0	模拟输入
2	AIN1	
3	AIN2	
4	AIN3	
5	A0	硬件地址设置
6	A1	
7	A2	
8	VSS	电源负极
9	SDA	串行 I2C 数据线
10	SCL	串行 I2C 时钟线

续表

序号	名称	功能描述
11	OSC	振荡器输入/输出
12	EXT	振荡器输入源的开关
13	AGND	模拟地
14	VREF	参考电压输入
15	AOUT	模拟输出
16	VDD	电源正极

PCF8591 使用串行 I2C 总线进行通信，通常把 I2C 设备分为主设备和从设备，基本上，谁控制时钟线，即控制 SCL 的电平高低变换，谁就是主设备。主设备的主要功能是产生时钟、起始信号和停止信号，从设备的主功能是进行可编程的 I2C 地址检测和停止位检测。

串行 I2C 总线系统中的每个 PCF8591 都通过发送有效地址到该器件来激活。该地址包括固定部分和可编程部分。可编程部分必须根据地址引脚 A0、A1 和 A2 来设置。在串行 I2C 总线协议中，地址必须在起始条件后作为第 1 个字节发送。地址字节的最后一位是用于设置以后数据传输方向的读/写位，如表 15-2 所示。

表 15-2　地址字节

bit7	bit6	bit5	bit4	bit3	bit2	bit1	bit0
1	0	0	0	A2	A1	A0	$R/\overline{W}$

bit0 为 1 代表数据传输方向是读数据，该位为 0 代表数据传输方向是写数据。

发送到 PCF8591 的第 2 个字节将被存储在控制寄存器中，用于控制器件功能。控制寄存器的高半字节用于允许模拟输出和将模拟输入编程为单端或差分输入，低半字节选择一个由高半字节定义的模拟输入通道。如果自动增量标志位被置 1，则在每次 A/D 转换后，通道号将自动增加。

CT107D 开发平台上的 PCF8591 电路如图 15-2 所示。

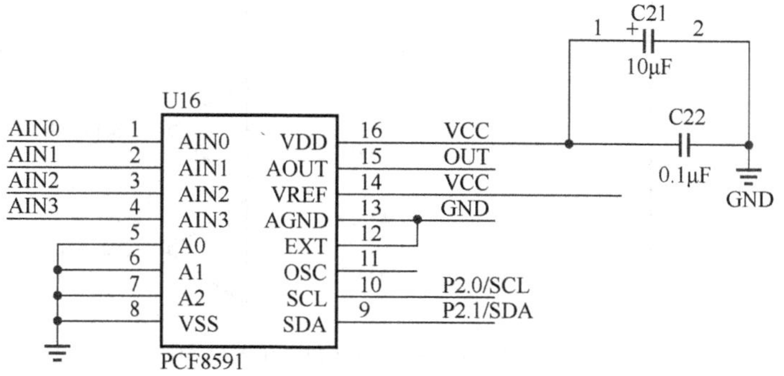

图 15-2　CT107D 开发平台上的 PCF8591 电路

控制字如图 15-3 所示。

A/D 转换器采用逐次逼近转换技术。在 A/D 转换中，将临时使用片上 D/A 转换器和高增益比较器。

一个 A/D 转换周期总是开始于发送一个有效读模式地址给 PCF8591 之后。A/D 转换周期在应答时钟脉冲的后沿被触发，并在传输前一次转换结果时执行。

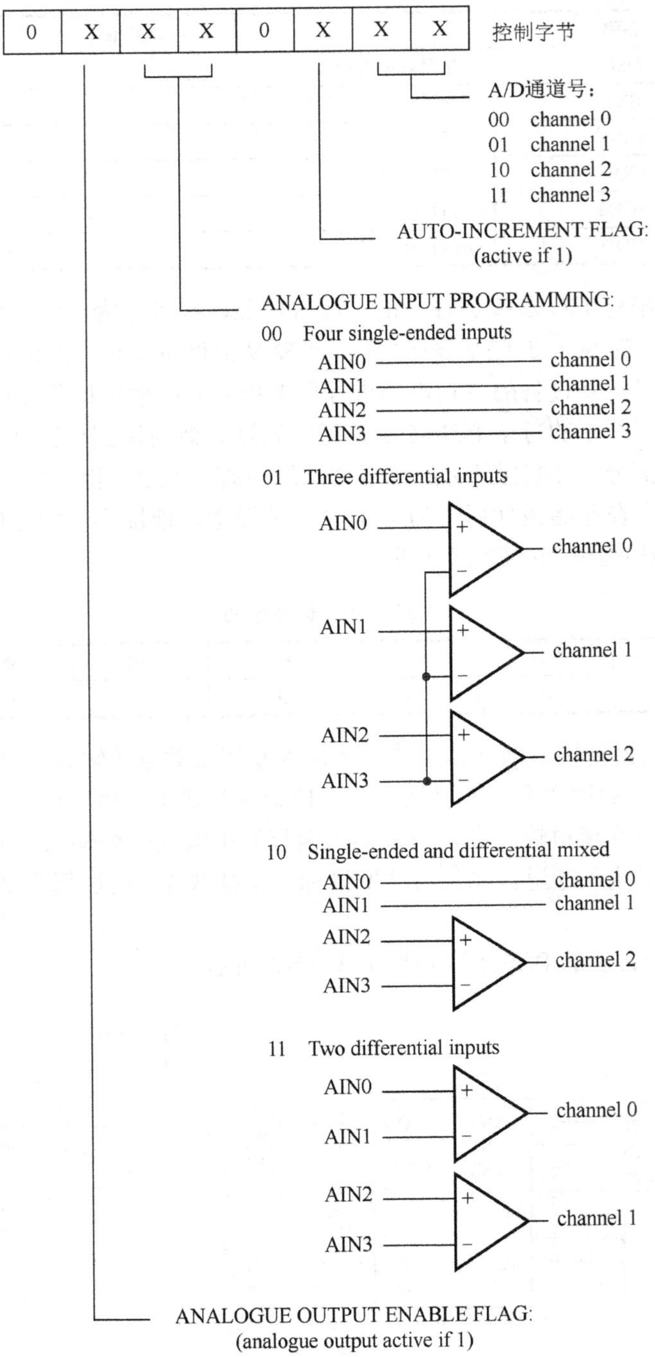

图 15-3 控制字

一旦一个 A/D 转换周期被触发，所选通道的输入电压采样将保存到芯片中并被转换为对应的 8 位二进制码。取自差分输入的采样将被转换为 8 位二进制补码，转换结果将被保存在 ADC 数据寄存器中等待传输。如果自动增量标志位被置 1，则将选择下一个通道。

在读周期传输的第 1 个字节中包含前一次读周期的转换结果代码。上电复位后读取的第 1 个字节是 0X80。

15.2 项目分析

15.2.1 项目要求

光敏电阻（RD1）的输出端连接到 PCF8591 的通道 1，通过调节可调电阻 Rb2 可以改变 AIN3 引脚的电压，AIN3 引脚连接 PCF8591 的通道 3。

本项目要求如下。

（1）上电开机运行时，关闭蜂鸣器、继电器和 8 个 LED。

（2）通过 S4（松开有效）改变采集通道，当按键被按下后，系统切换采集通道 1 或采集通道 3 的数据，如此反复。

（3）上电采集与光敏电阻输出端 AIN1 连接的 PCF8591 通道 1 的测量值（也可以采集与 Rb2 相连的 AIN3，即通道 3 的测量值）。

（4）数码管第 1 位显示采集的通道号，即 1 或 3；数码管的最后 3 位显示采集的数据，数据位数上无数据的不显示。

（5）采集通道 1 的数据时，LED1～LED4 点亮，LED5～LED8 熄灭；采集通道 3 的数据时，LED1～LED4 熄灭，LED5～LED8 点亮。

注意：在调节可调电阻 Rb2 时，请使用合适的工具，如一字螺丝刀，并注意用电安全；使用金属工具时，注意不要造成元器件短路。

可参考使用官方提供的驱动代码文件 iic.c 和 iic.h，注意不能直接使用，应先核实函数声明及延时函数的参数。

光敏电阻相关电路如图 15-4 所示。

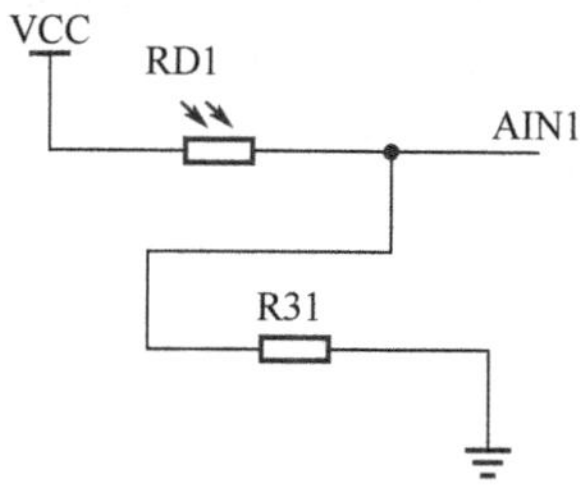

图 15-4 光敏电阻相关电路

可调电阻 Rb2 相关电路如图 15-5 所示。

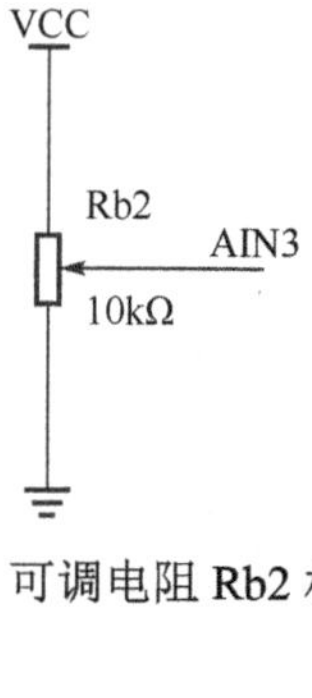

图 15-5 可调电阻 Rb2 相关电路

15.2.2 流程分析

PCF8591 程序设计软件流程图如图 15-6 所示。

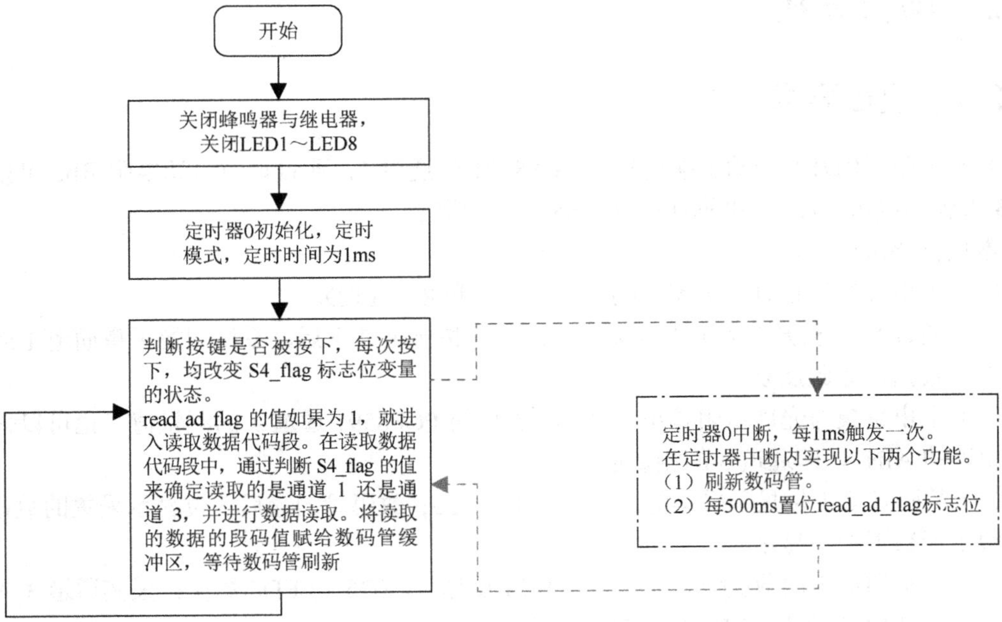

图 15-6　PCF8591 程序设计软件流程图

本项目要求读取 PCF8591 通道 1 和通道 3 的测量值，首先要将 I2C 的底层驱动代码文件正确地移植到工程中。

I2C 的底层驱动代码文件有两个，分别是源文件 iic.c 和头文件 iic.h，将这两个文件复制到项目的工程文件夹下。

打开头文件进行检查，在头文件 iic.h 中，应当有通信开始、通信结束、发送数据、读取数据的函数声明，如果不完整，则需要补充完整。

头文件 iic.h 中的参考代码如下：

```
#ifndef _IIC_H
#define _IIC_H

void IIC_Start(void);
void IIC_Stop(void);
bit IIC_WaitAck(void);
void IIC_SendAck(bit ackbit);
void IIC_SendByte(unsigned char byt);
unsigned char IIC_RecByte(void);

#endif
```

源文件 iic.c 中的参考代码如下：

```
#include <stc15.h>
#include "intrins.h"

#define DELAY_TIME 5

sbit SDA = P2^1;
sbit SCL = P2^0;
void IIC_Delay(unsigned char i)
```

```
{
    do{_nop_();}
    while(i--);
}
void IIC_Start(void)
{
    SDA = 1;
    SCL = 1;
    IIC_Delay(DELAY_TIME);
    SDA = 0;
    IIC_Delay(DELAY_TIME);
    SCL = 0;
}

void IIC_Stop(void)
{
    SDA = 0;
    SCL = 1;
    IIC_Delay(DELAY_TIME);
    SDA = 1;
    IIC_Delay(DELAY_TIME);
}

void IIC_SendAck(bit ackbit)
{
    SCL = 0;
    SDA = ackbit;
    IIC_Delay(DELAY_TIME);
    SCL = 1;
    IIC_Delay(DELAY_TIME);
    SCL = 0;
    SDA = 1;
    IIC_Delay(DELAY_TIME);
}

bit IIC_WaitAck(void)
{
    bit ackbit;

    SCL  = 1;
    IIC_Delay(DELAY_TIME);
    ackbit = SDA;
    SCL = 0;
    IIC_Delay(DELAY_TIME);
    return ackbit;
}

void IIC_SendByte(unsigned char byt)
{
    unsigned char i;
    //EA = 0;
    for(i=0; i<8; i++)
```

```
    {
        SCL  = 0;
        IIC_Delay(DELAY_TIME);
        if(byt & 0X80) SDA  = 1;
        else SDA  = 0;
        IIC_Delay(DELAY_TIME);
        SCL = 1;
        byt <<= 1;
        IIC_Delay(DELAY_TIME);
    }
     //EA = 1;
    SCL  = 0;
}

unsigned char IIC_RecByte(void)
{
    unsigned char i, da;

     //EA = 0;
    for(i=0; i<8; i++)
    {
     SCL = 1;
     IIC_Delay(DELAY_TIME);
     da <<= 1;
     if(SDA) da |= 1;
     SCL = 0;
     IIC_Delay(DELAY_TIME);
    }
     //EA = 1;
    return da;
}
```

从图 15-2 中可以看出，I2C 通信中的 SCL 对应的是 P2.0 引脚，SDA 对应的是 P2.1 引脚。结合图 15-2 中 A0、A1 和 A2 的设置，可知读数据的地址为 0X91，写数据的地址为 0X90。

15.2.3 参考代码分析

现以读取 PCF8591 通道 1 的测量值为例来说明读取步骤。通道 3 的读取与通道 1 的读取类似。

（1）I2C 开始通信。

（2）发送器件写地址（此处为 0X90）。

（3）等待响应。

（4）发送通道号（此处为 0X01）。

（5）等待响应。

（6）I2C 停止通信。

（7）I2C 开始通信。

（8）发送器件读地址（此处为 0X91）。

（9）等待响应。

（10）读取数据。

（11）发送响应。

（12）I2C 停止通信。

（13）返回读取的数据。

读取通道 1 的测量值的参考代码如下：

```
unsigned char Read_AIN1(void)
{
    unsigned char temp;
    IIC_Start();
    IIC_SendByte(0X90);
    IIC_WaitAck();
    IIC_SendByte(0X01);
    IIC_WaitAck();
    IIC_Stop();
    IIC_Start();
    IIC_SendByte(0X91);
    IIC_WaitAck();
    temp = IIC_RecByte();
    IIC_SendAck(1);
    IIC_Stop();

  return temp;
}
```

在 main()函数的主循环中，首先通过 Key_ALONE_Scan()函数判断按键是否被按下，每次按下，均改变 S4_flag 标志位变量的状态。

然后判断 read_ad_flag 的值，如果为 1，就进入读取数据代码段。

在读取数据代码段中，通过判断 S4_flag 的值来决定读取的是通道 1 还是通道 3，并进行数据读取。如果读取通道 1，则使用 Read_AIN1()函数读取数据，并将数据存储到 ad_data 变量中；如果读取通道 3，则使用 Read_AIN3()函数读取数据，并将数据存储到 ad_data 变量中。

最后，将读取的数据的段码值赋给数码管缓冲区，等待数码管刷新。

参考代码如下：

```
        Key_ALONE_Scan();
        if(read_ad_flag)
        {
            read_ad_flag = 0;
            if(S4_flag==0)
            {
                HC138_select(4);
                P0 = 0XF0;
                ad_data = Read_AIN1();
                seg_data[0] = SEG_CODE[1];
            }
            else
            {
                HC138_select(4);
                P0 = 0X0F;
                ad_data = Read_AIN3();
```

```
                seg_data[0] = SEG_CODE[3];
            }
            if(ad_data>99)
                seg_data[5] = SEG_CODE[(ad_data/100)];
            else
                seg_data[5] = 0XFF;
            if(ad_data>9)
                seg_data[6] = SEG_CODE[(ad_data/10)%10];
            else
                seg_data[6] = 0XFF;
                seg_data[7] = SEG_CODE[ad_data%10];
    }
```

15.3 本例代码

main.c 文件中的代码如下：

```
#include "iic.h"
#include <stc15.h>

//0 1 2 3 4 5 6 7 8 9 A B C D E F -
unsigned char SEG_CODE[17]
={0XC0,0XF9,0XA4,0XB0,0X99,0X92,0X82,0XF8,0X80,0X90,0X88,0X83,0XC6,0XA1,0X86,0X8E,
0XBF};

void HC138_select(unsigned char pos)
{
    switch(pos)
    {
        case 4://LED
            P2 = (P2&0X1F)|0X80;
            break;
        case 5://BUZZ
            P2 = (P2&0X1F)|0XA0;
            break;
        case 6://SEG-COM
            P2 = (P2&0X1F)|0XC0;
            break;
        case 7://SEG-a-dp
            P2 = (P2&0X1F)|0XE0;
            break;
        default:
            P2 = (P2&0X1F)|0X00;
        break;
    }
}

void Delay(unsigned int t)
{
    while(t--);
}
```

```
void Delay10ms()     //12MHz
{
    unsigned char i, j;

    i = 117;
    j = 184;
    do
    {
        while (--j);
    } while (--i);
}

void Seg_DisplayBit(unsigned char pos,unsigned char dat)
{
     HC138_select(7);
     P0 = 0XFF;
     HC138_select(6);
     P0 = 0X01<<(pos-1);
     HC138_select(7);
     P0 = dat;
}

unsigned char S4_flag = 0;//P3.3
void Key_ALONE_Scan(void)
{
    if(P33 == 0)
    {
        Delay10ms();
        if(P33 == 0)
        {
            while(P33 == 0);
            S4_flag  ^= 1;
        }
    }
}

void Timer0Init(void)        //1ms, 12MHz
{
    AUXR &= 0X7F;
    TMOD &= 0XF0;
    TL0 = 0X18; //(65536-1000)%256
    TH0 = 0XFC; //(65536-1000)/256
    TF0 = 0;
    TR0 = 1;
    EA = 1;
    ET0 =1;
}

unsigned int cnt_1ms = 0;
unsigned char seg_bit = 0;
unsigned char seg_data[8] = {0XFF,0XFF,0XFF,0XFF,0XFF,0XFF,0XFF,0XFF};
```

```
unsigned char read_ad_flag = 0;

void TIMER0_Handler() interrupt 1
{

     cnt_1ms++;
     if(cnt_1ms == 500)
        {
            read_ad_flag = 1;
            cnt_1ms = 0;
        }
        seg_bit++;
        Seg_DisplayBit(seg_bit,seg_data[seg_bit-1]);
        if(seg_bit==8)
        {
            seg_bit = 0;
        }

}

void Init_All(void)
{
    HC138_select(5);
    P0 = 0;
    HC138_select(4);
    P0 = 0XFF;
}

unsigned char Read_AIN3(void)
{
    unsigned char temp;
    IIC_Start();
    IIC_SendByte(0X90);
    IIC_WaitAck();
    IIC_SendByte(0X03);
    IIC_WaitAck();
    IIC_Stop();
    IIC_Start();
    IIC_SendByte(0X91);
    IIC_WaitAck();
    temp = IIC_RecByte();
    IIC_SendAck(1);
    IIC_Stop();
    return temp;
}

unsigned char Read_AIN1(void)
{
    unsigned char temp;
    IIC_Start();
    IIC_SendByte(0X90);
    IIC_WaitAck();
```

```
    IIC_SendByte(0X01);
    IIC_WaitAck();
    IIC_Stop();
    IIC_Start();
    IIC_SendByte(0X91);
    IIC_WaitAck();
    temp = IIC_RecByte();
    IIC_SendAck(1);
    IIC_Stop();
    return temp;
}

void main(void)
{
    unsigned char ad_data;
    Init_All();
    Timer0Init();

    while(1)
    {
        Key_ALONE_Scan();
        if(read_ad_flag)
        {
            read_ad_flag = 0;
            if(S4_flag==0)
            {
                HC138_select(4);
                P0 = 0XF0;
                ad_data = Read_AIN1();
                seg_data[0] = SEG_CODE[1];
            }
            else
            {
                HC138_select(4);
                P0 = 0X0F;
                ad_data = Read_AIN3();
                seg_data[0] = SEG_CODE[3];
            }
            if(ad_data>99)
                seg_data[5] = SEG_CODE[(ad_data/100)];
            else
                seg_data[5] = 0XFF;
            if(ad_data>9)
                seg_data[6] = SEG_CODE[(ad_data/10)%10];
            else
                seg_data[6] = 0XFF;
                seg_data[7] = SEG_CODE[ad_data%10];
        }
    }
}
```

思考与练习

1．请在本项目的基础上添加如下功能：通过 S5 实现测量开关功能，测量开启状态，仍按项目要求来操作；测量关闭状态，数码管显示的数据为“CC-CC-CC”。

2．LED1～LED8 作为整体，称为“灯组”，在现场环境下，通过调试，实现手电筒灯光照射光敏电阻 RD1 时，灯组持续闪烁；手电筒熄灭后，灯组熄灭的功能。

第 16 章　存储芯片 AT24C02 应用

16.1　基础知识

AT24C02 是一个 2Kbit 的串行 EEPROM 存储芯片，可存储 256 字节数据，其工作电压为 1.8～5.5V，使用低功耗 CMOS 技术，具有自定时擦写周期，1000000 次可擦写次数，官方宣称数据可保存 100 年。AT24C02 有一个 16 字节的页写缓冲器和写保护功能。通过 I2C 总线通信读/写芯片内的数据，通信时钟频率可达 400kHz。

AT24C02 的引脚图如图 16-1 所示。

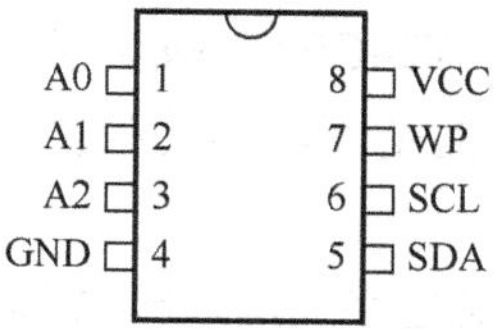

图 16-1　AT24C02 的引脚图

AT24C02 各引脚功能如表 16-1 所示。

表 16-1　AT24C02 各引脚功能

引脚名称	功能描述
A0～A2	器件地址输入
SDA	串行数据输入/输出
SCL	串行时钟输入
WP	写保护
GND	地
VCC	电源

地址引脚（A2、A1、A0）：AT24C02 的硬件连接的器件地址输入引脚。对于 AT24C02，在一根总线上最多可寻址 8 个 2KB 的器件，A2、A1、A0 内部必须连接。

串行数据输入/输出引脚（SDA）：可实现双向串行数据传输。

串行时钟信号引脚（SCL）：在 SCL 输入时钟信号的上升沿将数据送入 EEPROM 器件，并在时钟下降沿将数据读出。

写保护引脚（WP）：AT24C02 具有硬件数据写保护功能，当该引脚接 GND 时，允许正常的读/写操作；当该引脚接 VCC 时，启动写保护功能，禁止写入数据。

对于 AT24C02，其设备地址如图 16-2 所示。

MSB							LSB
1	0	1	0	A2	A1	A0	R/W

图 16-2　AT24C02 的设备地址

AT24C02 地址的高 4 位固定为 1010，A2～A0 由引脚电平确定。在 CT107D 开发平台上，AT24C02 的电路图如图 16-3 所示。

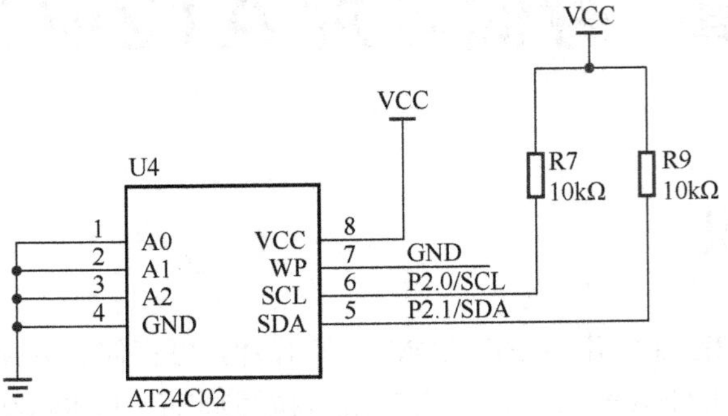

图 16-3　AT24C02 的电路图

可以看出，A0、A1、A2 均接地。

由于器件地址的最后一位表示读/写操作，读数据时，最低位为 1；写数据时，最低位为 0。因此，在 CT107D 开发平台上，AT24C02 的读地址为 0XA1，写地址为 0XA0。

由于 AT24C02 有 256 字节的存储空间，因此只需 1 字节就可以寻址完 AT24C02 的存储空间。

AT24C02 有两种工作模式，分别是字节写入模式和页写入模式。

在字节写入模式下，可以在任意地址（0X00～0XFF）中写入一个字节，也可以在某一地址中连续写入多个字节，而且不需要翻页，页指针根据写入数据的多少自动增加，实现翻页功能。

在页写入模式下，一页可以存 8 字节内容，当存储的数据大于 8 字节时，会覆盖先前保存的数据。如果想写完一页后将剩余的数据保存到下一页，则需要自己来设定页指针。

16.2　项目分析

16.2.1　项目要求

读/写 AT24C02 内存储的数据，实现数据断电存储功能；操作 AT24C02，存储自定义数据。

（1）操作 AT24C02，向地址 0X66 中写入一个数据，该数据为 0～99 的整数。

（2）系统上电后，读出 0X66 中存储的数据，并在数码管的前两位显示该数字，即 AT24C02 存储的数据，称为原始计数值 A。

（3）每按下一次 S4，原始计数值加 1（如果加 1 后的数值大于 99，则累加后的数值变为 0，并在 0 的基础上响应按键，继续累加），按键累加后的值为 B，数码管的后两位实时显示数值 B。

（4）每按下一次 S5，将数值 B 存储到 AT24C02 中，存储内存地址为 0X66。

请通过对 S4、S5 的操作写入不同的值，并重复开机、关机，验证结果是否正确。

16.2.2　流程分析

AT24C02 程序设计软件流程图如图 16-4 所示。

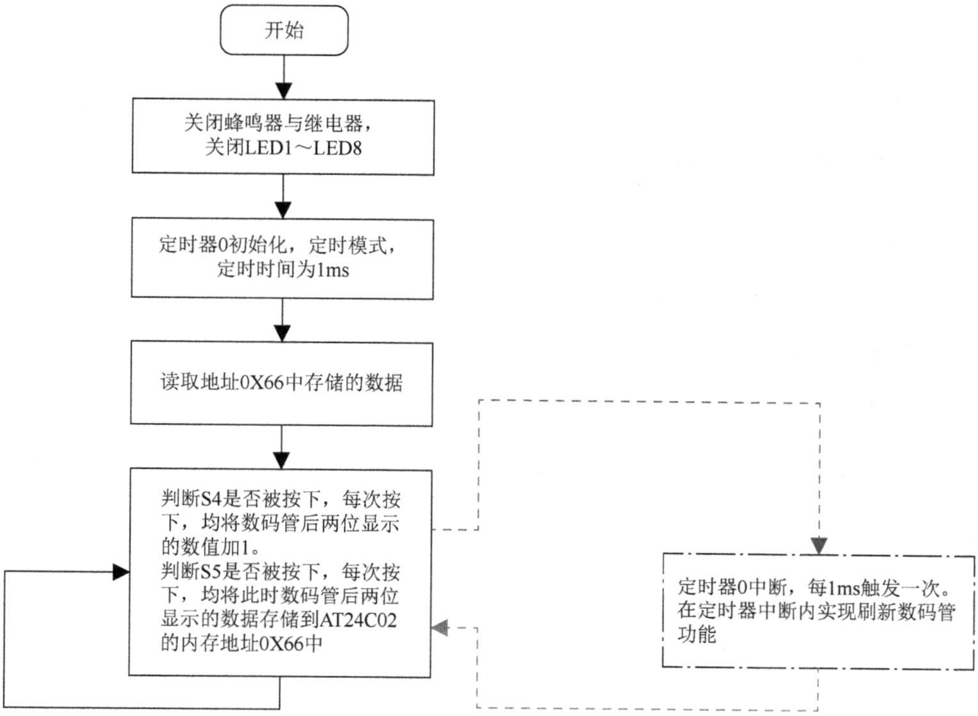

图 16-4　AT24C02 程序设计软件流程图

本项目要求读取地址 0X66 中存储的数据，并且根据 S5 的触发，将新计算出的数据存储到其中。

首先将 I2C 的底层驱动代码文件正确地移植到工程中。

I2C 的底层驱动代码文件有两个，分别是源文件 iic.c 和头文件 iic.h，将这两个文件复制到项目的工程文件夹下。

打开头文件进行检查，在头文件 iic.h 中，应当有通信开始、通信结束、发送数据、读取数据的函数声明，如果不完整，则需要补充完整。

头文件 iic.h 中的参考代码如下：

```
#ifndef _IIC_H
#define _IIC_H

void IIC_Start(void);
void IIC_Stop(void);
bit IIC_WaitAck(void);
void IIC_SendAck(bit ackbit);
void IIC_SendByte(unsigned char byt);
unsigned char IIC_RecByte(void);

#endif
```

源文件 iic.c 中的参考代码如下：

```
#include <stc15.h>
```

```
#include "intrins.h"
#include "iic.h"

#define DELAY_TIME 5

sbit SDA = P2^1;
sbit SCL = P2^0;

void IIC_Delay(unsigned char i)
{
   do{_nop_();}
   while(i--);
}

void IIC_Start(void)
{
   SDA = 1;
   SCL = 1;
   IIC_Delay(DELAY_TIME);
   SDA = 0;
   IIC_Delay(DELAY_TIME);
   SCL = 0;
}

void IIC_Stop(void)
{
   SDA = 0;
   SCL = 1;
   IIC_Delay(DELAY_TIME);
   SDA = 1;
   IIC_Delay(DELAY_TIME);
}

void IIC_SendAck(bit ackbit)
{
   SCL = 0;
   SDA = ackbit;
   IIC_Delay(DELAY_TIME);
   SCL = 1;
   IIC_Delay(DELAY_TIME);
   SCL = 0;
   SDA = 1;
   IIC_Delay(DELAY_TIME);
}

bit IIC_WaitAck(void)
{
   bit ackbit;

   SCL  = 1;
   IIC_Delay(DELAY_TIME);
   ackbit = SDA;
```

```
    SCL = 0;
    IIC_Delay(DELAY_TIME);
    return ackbit;
}

void IIC_SendByte(unsigned char byt)
{
    unsigned char i;
    //EA = 0;
    for(i=0; i<8; i++)
    {
        SCL  = 0;
        IIC_Delay(DELAY_TIME);
        if(byt & 0X80) SDA  = 1;
        else SDA  = 0;
        IIC_Delay(DELAY_TIME);
        SCL = 1;
        byt <<= 1;
        IIC_Delay(DELAY_TIME);
    }
        //EA = 1;
    SCL  = 0;
}

unsigned char IIC_RecByte(void)
{
    unsigned char i, da;
    //EA = 0;
    for(i=0; i<8; i++)
  {
      SCL = 1;
      IIC_Delay(DELAY_TIME);
      da <<= 1;
      if(SDA) da |= 1;
      SCL = 0;
      IIC_Delay(DELAY_TIME);
  }
    //EA = 1;
    return da;
}
```

从图 16-3 中可以看出，I2C 通信中的 SCL 引脚对应的是单片机的 P2.0 引脚，SDA 引脚对应的是单片机的 P2.1 引脚。结合图 16-2 中 A0、A1、A2 的设置，可知读数据的地址为 0XA1，写数据的地址为 0XA0。

16.2.3　参考代码分析

读取 AT24C02 某地址 1 字节的数据，需要先向 AT24C02 写入要读取的地址，然后发送，最后读取数据。实现读取 AT24C02 某地址数据的参考代码如下：

```
unsigned char Read_24C02(unsigned char addr)
{
```

```
 unsigned char tmp;

    IIC_Start();
    IIC_SendByte(0XA0);
    IIC_WaitAck();
    IIC_SendByte(addr);
    IIC_WaitAck();

    IIC_Start();
    IIC_SendByte(0XA1);
    IIC_WaitAck();
    tmp = IIC_RecByte();
    IIC_SendAck(1);
    IIC_Stop();
    return tmp;
}
```

在函数参数中，addr 代表要读取数据的地址值。

如果要向 AT24C02 某地址写入 1 字节数据，则需要先向 AT24C02 写入目标地址，然后发送要写入的数据。实现向 AT24C02 某地址写入 1 字节数据的参考代码如下：

```
void Write_24C02(unsigned char dat,unsigned char addr)
{
    IIC_Start();
    IIC_SendByte(0XA0);
    IIC_WaitAck();
    IIC_SendByte(addr);
    IIC_WaitAck();
    IIC_SendByte(dat);
    IIC_WaitAck();
    IIC_Stop();
}
```

在函数参数中，dat 代表要写入的数据，addr 代表目标地址。

主函数的参考代码如下：

```
void main(void)
{
    Init_All();
    Timer0Init();
    eeprom_cnt = Read_24C02(0X66);
    now_cnt = eeprom_cnt;
    while(1)
    {
        Key_ALONE_Scan();
        seg_data_update();
    }
}
```

在主函数中，完成初始化工作后，调用 Read_24C02(0X66)读取地址 0X66 中存储的数据，并将该数据存储在 eeprom_cnt 及 now_cnt 变量中。

在主循环内，通过 Key_ALONE_Scan()函数时刻检测 S4 及 S5 是否被按下，如果 S4 被按下，则 now_cnt 变量值加 1；若 S5 被按下，则 S5_flag 标志位置 1。

调用 seg_data_update()，在该函数内部，通过判断 S5_flag 是否为 1 来决定是否调用 Write_24C02(now_cnt,0X66)函数，将 now_cnt 的值存储到 0X66 地址中。同时将上电时从 0X66 地址中读取的数据，即 eeprom_cnt 的值（段码值）赋给数码管显示数组 seg_data 的前两位，即数码管的第 1、2 位；将通过 S4 改变数值的 now_cnt 的值赋给数码管显示数组 seg_data 的后两位，即数码管的第 7、8 位。实现本功能的 seg_data_update()函数的参考代码如下：

```
void seg_data_update(void)
{
    if(S5_flag==1)
    {
      S5_flag = 0;
      Write_24C02(now_cnt,0X66);
    }
    seg_data[0] = SEG_CODE[eeprom_cnt/10];
    seg_data[1] = SEG_CODE[eeprom_cnt%10];
    seg_data[6] = SEG_CODE[now_cnt/10];
    seg_data[7] = SEG_CODE[now_cnt%10];
}
```

16.3　本例代码

main.c 文件中的代码如下：

```
#include "iic.h"
#include <stc15.h>
unsigned char SEG_CODE[17]
={0XC0,0XF9,0XA4,0XB0,0X99,0X92,0X82,0XF8,0X80,0X90,0X88,0X83,0XC6,0XA1,0X86,0X8E,
0XBF};

void HC138_select(unsigned char pos)
{
    switch(pos)
    {
        case 4://LED
            P2 = (P2&0X1F)|0X80;
            break;
        case 5://BUZZ
            P2 = (P2&0X1F)|0XA0;
            break;
        case 6://SEG-COM
            P2 = (P2&0X1F)|0XC0;
            break;
        case 7://SEG-a-dp
            P2 = (P2&0X1F)|0XE0;
            break;
        default:
            P2 = (P2&0X1F)|0X00;
        break;
    }
}
```

```
void Delay(unsigned int t)
{
   while(t--);
}

void Delay10ms()      //12MHz
{
    unsigned char i, j;
    i = 117;
    j = 184;
    do
    {
        while (--j);
    } while (--i);
}

void Seg_DisplayBit(unsigned char pos,unsigned char dat)
{
    HC138_select(7);
    P0 = 0XFF;
    HC138_select(6);
    P0 = 0X01<<(pos-1);
    HC138_select(7);
    P0 = dat;
}

unsigned char eeprom_cnt = 0;
unsigned char now_cnt = 0;
unsigned char S5_flag = 0;//P3.2
void Key_ALONE_Scan(void)
{
  if(P33 == 0)
  {
    Delay10ms();
    if(P33 == 0)
    {
      while(P33 == 0);
      now_cnt++;
      if(now_cnt>99)
          now_cnt = 0;
    }
  }

  if(P32 == 0)
  {
      Delay10ms();
      if(P32 == 0)
      {
          while(P32 == 0);
          S5_flag  = 1;
      }
```

```
    }
}

void Timer0Init(void)          //1ms, 12MHz
{
    AUXR &= 0X7F;
    TMOD &= 0XF0;
    TL0 = 0X18; //(65536-1000)%256
    TH0 = 0XFC; //(65536-1000)/256
    TF0 = 0;
    TR0 = 1;
    EA = 1;
    ET0 =1;
}

unsigned int cnt_1ms = 0;
unsigned char seg_bit = 0;
unsigned char seg_data[8] = {0XFF,0XFF,0XFF,0XFF,0XFF,0XFF,0XFF,0XFF};
void TIMER0_Handler() interrupt 1
{
        seg_bit++;
        Seg_DisplayBit(seg_bit,seg_data[seg_bit-1]);
        if(seg_bit==8)
        {
            seg_bit = 0;
        }
}

void Init_All(void)
{
    HC138_select(5);
    P0 = 0;
    HC138_select(4);
    P0 = 0XFF;
}

unsigned char Read_24C02(unsigned char addr)
{
  unsigned char tmp;
    IIC_Start();
    IIC_SendByte(0XA0);
    IIC_WaitAck();
    IIC_SendByte(addr);
    IIC_WaitAck();
    IIC_Start();
    IIC_SendByte(0XA1);
    IIC_WaitAck();
    tmp = IIC_RecByte();
    IIC_SendAck(1);
    IIC_Stop();
    return tmp;
}
```

```
void Brust_Read_24c02(unsigned char *pucBuf,unsigned char addr,unsigned char num)
{
    IIC_Start();
    IIC_SendByte(0XA0);
    IIC_WaitAck();
    IIC_SendByte(addr);
    IIC_WaitAck();

    IIC_Start();
    IIC_SendByte(0XA1);
    IIC_WaitAck();

    while(num--)
    {
        *pucBuf++ = IIC_RecByte();
        if(num)
            IIC_SendAck(0);
        else
            IIC_SendAck(1);
    }
  IIC_Stop();
}

void Write_24C02(unsigned char dat,unsigned char addr)
{
    IIC_Start();
    IIC_SendByte(0XA0);
    IIC_WaitAck();
    IIC_SendByte(addr);
    IIC_WaitAck();
    IIC_SendByte(dat);
    IIC_WaitAck();
  IIC_Stop();
}

void Brust_Write_24c02(unsigned char *pucBuf,unsigned char addr,unsigned char num)
{
    IIC_Start();
    IIC_SendByte(0XA0);
    IIC_WaitAck();
    IIC_SendByte(addr);
    IIC_WaitAck();

    while(num--)
    {
        IIC_SendByte(*pucBuf++);
        IIC_WaitAck();
        Delay(200);
    }
    IIC_Stop();
    Delay(200);
```

```
}

void seg_data_update(void)
{
    if(S5_flag==1)
    {
      S5_flag = 0;
      Write_24C02(now_cnt,0X66);
    }
    seg_data[0] = SEG_CODE[eeprom_cnt/10];
    seg_data[1] = SEG_CODE[eeprom_cnt%10];
    seg_data[6] = SEG_CODE[now_cnt/10];
    seg_data[7] = SEG_CODE[now_cnt%10];
}

void main(void)
{
    Init_All();
    Timer0Init();
    eeprom_cnt = Read_24C02(0X66);
    now_cnt = eeprom_cnt;
    while(1)
    {
        Key_ALONE_Scan();
        seg_data_update();
    }
}
```

思考与练习

开始时，初始化 AT24C02，向地址 0X01 写入一个数据 1，向地址 0X02 写入一个数据 2，向地址 0X03 写入一个数据 3，此步骤完成后，今后上电执行程序不再执行此步骤。之后每次上电，对 0X01 地址内的数据加 1，对 0X02 地址内的数据加 3，对 0X03 地址内的数据加 6，3 个数据中的任何一个大于 90，需要将该数据减 90，并将计算后的数据分别存储在原地址中。数码管的前两位显示地址 0X01 中存储的数据，数码管的第 4、5 位显示地址 0X02 中存储的数据，数码管的第 7、8 位显示地址 0X03 中存储的数据。

第 17 章　超声波模块应用

17.1　基础知识

超声波是一种波长极短的机械波，在空气中的波长一般小于 2cm。它必须依靠介质进行传播，无法存在于真空中。它在水中的传播距离比在空气中的传播距离远，因其波长短，所以在空气中极易损耗，容易散射，不如可听声波和次声波传得远，不过波长短更易于获得各向异性的声能，可用于清洗、碎石、杀菌消毒等，在医学、工业上有很多应用。

超声波指向性强，在介质中传播的距离较远，因而超声波经常用于距离的测量，如测距仪和物位测量仪等都可以通过超声波来实现。利用超声波进行检测往往比较迅速、方便、计算简单、易于做到实时控制，并且在测量精度方面能达到工业实用的要求，其因此得到了广泛应用。

超声波测距原理与雷达测距原理相似。超声波发射器发射超声波，超声波接收器接收反射回来的超声波，根据发射与接收超声波的时间差计算距离。超声波发射器向某一方向发射超声波，在发射的同时开始计时，超声波在空气中传播，途中碰到障碍物就立即返回，超声波接收器收到反射波就立即停止计时。超声波在空气中的传播速度为 340m/s，根据计时器记录的时间 t（s），就可以计算出发射点与障碍物之间的距离（s），即 $s=340t/2$。需要说明的是，此处将超声波在空气中的传播速度设置为 340m/s 忽略了温度的影响。

CT107D 开发平台上有一个超声波模块，可以用来测距。超声波模块的发送端电路图如图 17-1 所示，接收端电路图如图 17-2 所示。

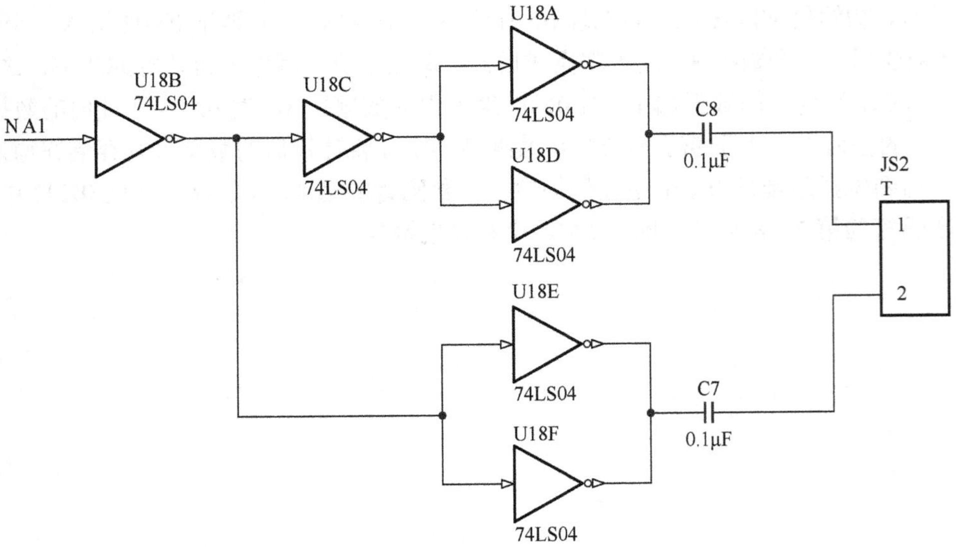

图 17-1　超声波模块的发送端电路图

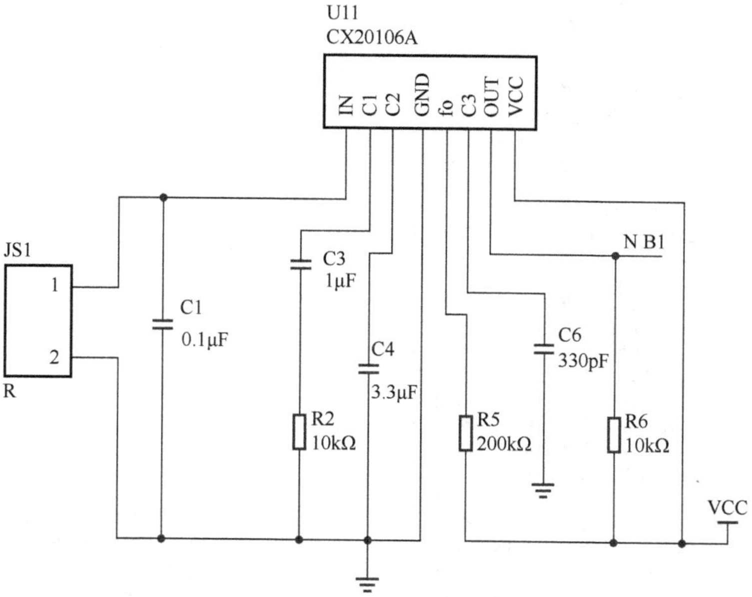

图 17-2　超声波模块的接收端电路图

通过设置 CT107D 开发平台上 J2 处的跳线帽，单片机的 P1.0 引脚与超声波模块的发送（TX）引脚相连，单片机的 P1.1 引脚与超声波模块的接收（RX）引脚相连。

在本项目中，驱动超声波模块进行测距的步骤如下。

（1）产生 8 个 40kHz 的超声波信号，并通过 TX 引脚发送出去。

（2）启动定时器，开始计数。

（3）等待超声波信号返回，如果收到返回信号，则 RX 引脚变为低电平。

（4）停止定时器，读取脉冲个数，获得时间差（用 t 表示）。

（5）根据公式，计算距离。距离=速度×t/2。其中，速度假定为 340m/s。

17.2　项目分析

17.2.1　项目要求

驱动超声波模块测距，并将得到的距离（单位为 cm）显示在数码管的后 3 位。最大测距为 140cm，如果超过这个范围，则在数码管最左侧显示字符“F”，表示超出测量距离。

在 CT107D 开发平台上，超声波模块的 TX 引脚接单片机的 P1.0 引脚，RX 引脚接单片机的 P1.1 引脚，设定声速为 340m/s。

17.2.2　流程分析

超声波模块应用软件流程图如图 17-3 所示。

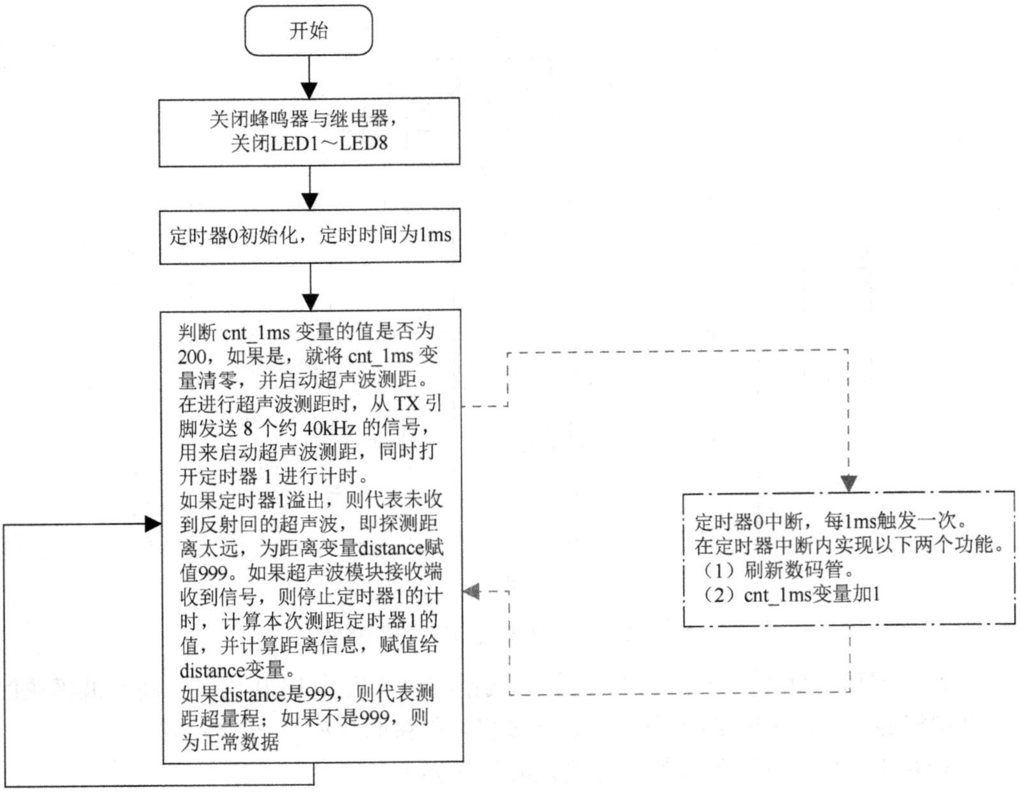

图 17-3　超声波模块应用软件流程图

17.2.3　参考代码分析

启动超声波测距，需要在超声波模块的发送引脚发出 8 个 40kHz 左右的方波，已知方波的频率为 40kHz，得到方波的周期为 25μs。

在程序中，单片机的 P1.0 引脚连着超声波模块的发送引脚，因此，若想启动超声波测距，则只需控制 P1.0 引脚输出 8 个连续的周期约为 25μs 的方波信号即可。

实现发送 8 个连续方波信号的参考代码如下：

```
void Delay12us()
{
    unsigned char i;

    _nop_();
    _nop_();
    i = 33;
    while (--i);
}
void Send_Wave()
{
    unsigned char i;
    for(i = 0; i < 8; i++)
    {
        TX = 1;
```

```
        Delay12us();
        TX = 0;
        Delay12us();
    }
}
```

在系统时钟频率为 12MHz 的前提下，设计一个 12μs 的延时函数 Delay12us()，在 Send_Wave()函数中使用 for 循环，连续控制 TX 引脚（P1.0 引脚）输出高电平与低电平，高、低电平的持续时间均为 12μs，这样就形成了一个频率约为 41.6kHz 的方波信号。

在超声波测距函数 Measure_Distance()中，首先配置定时器 1，通过 AUXR 寄存器设置定时器工作在 12T 方式，即定时器的时钟频率为系统时钟频率的 12 分频（1MHz）；之后通过 TMOD 寄存器将定时器 1 配置为 16 位自动重装初值的定时器模式；然后将初值设置为 0，开始计数，并调用 Send_Wave()函数发送超声波。如果收到反射回的超声波或定时器 1 计数溢出，则停止定时器 1，并根据具体情况进行处理。在正常情况下，收到反射回的超声波后，定时器 1 计数不会溢出，即 TF1 标志位仍为 0，此时根据定时器 1 的计数值，计算出超声波自发送到接收所用的时间，并进一步计算出距离信息。实现本段功能的参考代码如下：

```
void Measure_Distance()
{
    unsigned int time = 0;
    AUXR &= 0XBF;     //12T ius
    TMOD &= 0X0F;     //T1: timer
    TL1 = 0X00;
    TH1 = 0X00;

    Send_Wave();
    TR1 = 1;
    while((RX == 1) && (TF1 == 0));
    TR1 = 0;

    if(TF1 == 0)
    {
        time = TH1;
        time = (time << 8) | TL1;
        distance = ((time / 10) * 17) / 100;
    }
    else
    {
        TF1 = 0;
        distance = 999;
    }
}
```

在主函数中，根据定时器 1 中 cnt_1ms 变量的值调节超声波测距的频率，此处将频率设置为 5Hz，即每秒进行 5 次超声波测距。在主函数中，每 200ms 调用一次 Measure_Distance()函数进行超声波测距，并将距离信息存储在 distance 变量中。测距完成后，调用 seg_dat_process()函数，对数码管最新的段码值进行刷新。实现本段功能的参考代码如下：

```
void seg_dat_process(void)
{
    if(distance == 999)
```

```
    {
      seg_data[0] = SEG_CODE[15];//F
         seg_data[5] = 0XFF;
         seg_data[6] = 0XFF;
         seg_data[7] = 0XFF;
    }
    else
    {
         seg_data[0] = 0XFF;
         seg_data[5] = SEG_CODE[(distance/100)];
         seg_data[6] = SEG_CODE[(distance/10)%10];
         seg_data[7] = SEG_CODE[(distance%10)];
    }
}
void main(void)
{
    Init_All();
    Timer0Init();
    while(1)
    {
        if(cnt_1ms ==200)
        {
            cnt_1ms = 0;
            Measure_Distance();
            seg_dat_process();
        }

    }
}
```

17.3 本例代码

main.c 文件中的代码如下：

```
#include <stc15.h>
#include "intrins.h"

//0 1 2 3 4 5 6 7 8 9 A B C D E F -
unsigned char SEG_CODE[17]
={0XC0,0XF9,0XA4,0XB0,0X99,0X92,0X82,0XF8,0X80,0X90,0X88,0X83,0XC6,0XA1,0X86,0X8E,
0XBF};

void HC138_select(unsigned char pos)
{
  switch(pos)
   {
      case 4://LED
          P2 = (P2&0X1F)|0X80;
          break;
      case 5://BUZZ
          P2 = (P2&0X1F)|0XA0;
```

```
            break;
        case 6://SEG-COM
            P2 = (P2&0X1F)|0XC0;
            break;
        case 7://SEG-a-dp
            P2 = (P2&0X1F)|0XE0;
            break;
        default:
            P2 = (P2&0X1F)|0X00;
        break;
    }
}

void Delay10ms()      //12MHz
{
    unsigned char i, j;

    i = 117;
    j = 184;
    do
    {
        while (--j);
    } while (--i);
}

void Seg_DisplayBit(unsigned char pos,unsigned char dat)
{
     HC138_select(7);
     P0 = 0XFF;
     HC138_select(6);
     P0 = 0X01<<(pos-1);
     HC138_select(7);
     P0 = dat;
}

void Timer0Init(void)        //1ms, 12MHz
{
    AUXR &= 0X7F;
    TMOD &= 0XF0;
    TL0 = 0X18; //(65536-1000)%256
    TH0 = 0XFC; //(65536-1000)/256
    TF0 = 0;
    TR0 = 1;
    EA = 1;
    ET0 =1;
}

unsigned int cnt_1ms = 0;
unsigned char seg_bit = 0;
unsigned char seg_data[8] = {0XFF,0XFF,0XFF,0XFF,0XFF,0XFF,0XFF,0XFF};

void TIMER0_Handler() interrupt 1
```

```
{
    cnt_1ms++;

    seg_bit++;
    Seg_DisplayBit(seg_bit,seg_data[seg_bit-1]);
    if(seg_bit==8)
    {
        seg_bit = 0;
    }
}

void Init_All(void)
{
    HC138_select(5);
    P0 = 0;
    HC138_select(4);
    P0 = 0XFF;
}

sbit TX = P1^0;
sbit RX = P1^1;
unsigned int distance = 0;

void Delay12us()                    //12MHz, 12μs
{
    unsigned char i;

    _nop_();
    _nop_();
    i = 33;
    while (--i);
}

void Send_Wave()                    //8--->40kHz(T=12.5μs)
{
    unsigned char i;
    for(i = 0; i < 8; i++)
    {
        TX = 1;
        Delay12us();
        TX = 0;
        Delay12us();
    }
}

void Measure_Distance()
{
    unsigned int time = 0;
    AUXR &= 0XBF;    //12T ius
    TMOD &= 0X0F;    //T1: timer
    TL1 = 0X00;
    TH1 = 0X00;
```

```
    Send_Wave();
    TR1 = 1;
    while((RX == 1) && (TF1 == 0));
    TR1 = 0;

    if(TF1 == 0)
    {
        time = TH1;
        time = (time << 8) | TL1;
        distance = ((time / 10) * 17) / 100;
    }
    else
    {
        TF1 = 0;
        distance = 999;
    }
}

void seg_dat_process(void)
{
    if(distance == 999)
    {
        seg_data[0] = SEG_CODE[15];
        seg_data[5] = 0XFF;
        seg_data[6] = 0XFF;
        seg_data[7] = 0XFF;
    }
    else
    {
        seg_data[0] = 0XFF;
        seg_data[5] = SEG_CODE[(distance/100)];
        seg_data[6] = SEG_CODE[(distance/10)%10];
        seg_data[7] = SEG_CODE[(distance%10)];
    }
}
void main(void)
{
    Init_All();
    Timer0Init();
    while(1)
    {
        if(cnt_1ms ==200)
        {
            cnt_1ms = 0;
            Measure_Distance();
            seg_dat_process();
        }

  }
}
```

思考与练习

1. 在本项目的基础上添加如下功能：当测量距离连续小于 15cm 10 次后，进行声光报警，即 LED1～LED8 同步闪烁，蜂鸣器鸣叫；当测量距离大于 15cm 后，解除声光报警。

2. 在上一题的基础上，根据探测距离将声光报警级别设置为两级，即一级、二级。当测量距离小于 15cm 但大于 10cm 时，进入二级声光报警状态，LED1～LED8 每秒同步闪烁 2 次；当测量距离小于或等于 10cm 时，进入一级声光报警状态，LED1～LED8 每秒同步闪烁 4 次。

第 18 章　综合应用

18.1　项目设计任务与要求

18.1.1　基本要求

1. 使用 CT107D 开发平台完成本项目的程序设计。
2. 将 IAP15F2K61S2 单片机内部振荡器的频率设定为 12MHz。
3. 将键盘工作模式跳线 J5 配置为矩阵按键（KBD）模式。
4. 将扩展方式跳线 J13 配置为 I/O 模式。

18.1.2　硬件框图

系统硬件框图如图 18-1 所示。

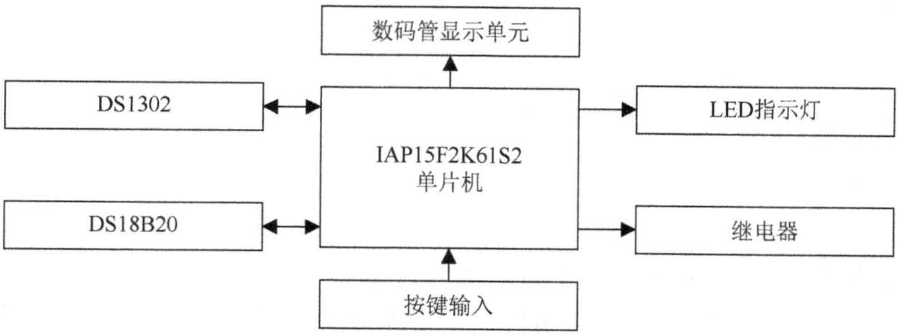

图 18-1　系统硬件框图

18.1.3　项目功能描述

1. 功能概述

（1）通过读取 DS18B20 温度传感器获取环境温度数据。

（2）通过读取 DS1302 时钟芯片获取时间数据（时、分、秒）。

（3）通过数码管完成项目要求的数据显示功能。

（4）通过按键完成项目要求的显示界面切换和设置功能。

（5）通过 LED 指示灯、继电器完成项目要求的输出指示和开关控制功能。

2. 性能要求

（1）温度数据采集、刷新时间间隔：≤1s。

（2）按键动作响应时间：≤0.2s。

（3）继电器响应时间：≤0.1s。（条件触发后，继电器在 0.1s 内执行相关动作。）

（4）在整个过程中，蜂鸣器始终关闭，保持静音状态。

3．显示功能

（1）温度显示界面。

温度显示界面如图 18-2 所示，显示内容包括界面编号（U1）和温度数据，温度数据保留小数点后 1 位有效数字，单位为℃。

U	1	8	8	8	2	3.	5
界面编号：1		熄灭			温度：23.5℃		

图 18-2　温度显示界面

（2）时间显示界面。

时间显示界面如图 18-3 所示，显示内容包括界面编号（U2）和时间数据（时、分），时间格式为 24 小时制。

U	2	8	2	3	-	2	5
界面编号：2		熄灭	23 时		分隔符	25 分	

图 18-3　时间显示界面

参数设置界面如图 18-4 所示，显示内容包括界面编号（U3）和当前温度参数。

U	3	8	8	8	8	2	3
界面编号：3		熄灭				23℃	

图 18-4　参数设置界面

4．按键功能

（1）功能说明。

使用 S12、S13、S16、S17 完成界面切换与设置功能。

S12：定义为“切换”按键，按下 S12，切换温度显示界面、时间显示界面和参数设置界面，如图 18-5 所示。

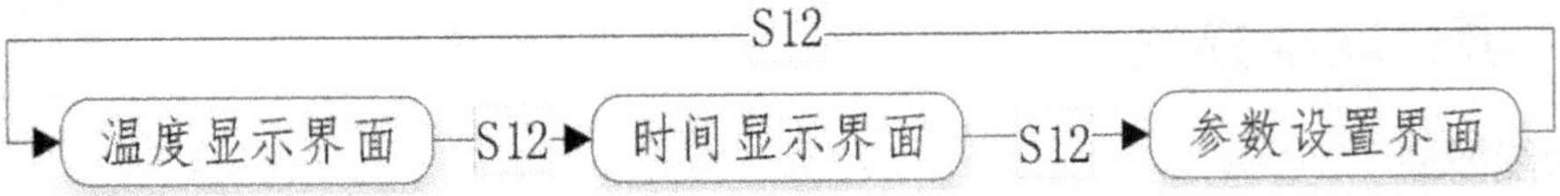

图 18-5　通过 S12 切换界面

S13：定义为“模式”按键，用于切换工作模式，如图 18-6 所示。

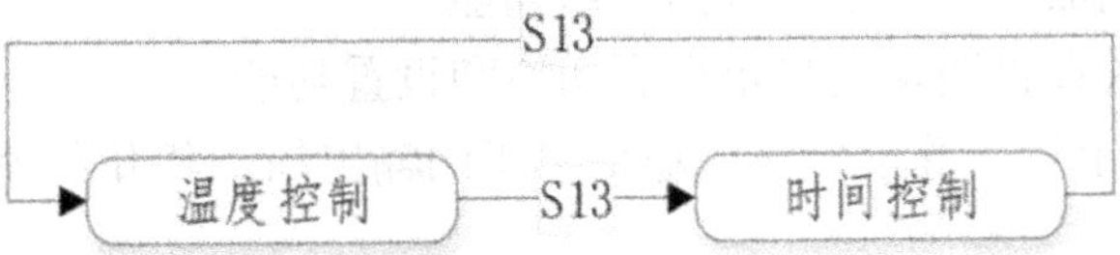

图 18-6　通过 S13 切换工作模式

S16：定义为“加”按键，在参数设置界面，按下 S16，温度参数增加 1℃。

S17：定义为“减”按键，在参数设置界面，按下 S17，温度参数减少 1℃。

注意：在时间显示界面，若 S17 处于按下状态，则时间显示界面显示分、秒（显示格式参照图 18-7）；松开 S17，显示时、分（显示格式参照图 18-3）。

U	2	8	5	3	-	2	0
界面编号：2		熄灭	53 分		分隔符	20 秒	

图 18-7 时间显示界面（分、秒）

（2）按键要求。

- 按键应做好消抖处理，避免出现一次按键动作导致功能多次触发。
- 按键动作不影响数码管显示和数据采集过程。
- S16 在参数设置界面有效，S17 在时间显示界面、参数设置界面有效。
- 温度参数的调整范围是 10～99℃。

5．继电器控制功能

（1）温度控制模式。

继电器状态受温度控制，若当前采集的温度数据超过了温度参数值，则继电器吸合（LED10 点亮），否则继电器断开（LED10 熄灭）。

（2）时间控制模式。

继电器状态受时间控制，每个整点（如 08:00:00）继电器吸合（LED10 点亮），5s 后断开（LED10 熄灭）。

注意：温度控制和时间控制两种工作模式应互不影响，互不干扰。

6．LED 指示灯功能

（1）整点时，如 08:00:00，指示灯 LED1 开始点亮，5s 后熄灭。

（2）指示灯 LED2 定义为工作模式指示灯，温度控制模式时指示灯点亮，否则指示灯熄灭。

（3）若继电器处于吸合状态（LED10 点亮），则指示灯以 0.1s 为间隔切换亮灭状态，否则指示灯 LED3 熄灭。

（4）其余指示灯均处于熄灭状态。

18.1.4 初始状态

请严格按照以下要求设计作品的上电初始状态。

- 处于温度显示界面。
- 工作模式为温度控制。
- 温度参数为 23℃。

18.2 项目分析

18.2.1 流程分析

本项目涉及的模块有 DS1302、DS18B20、数码管、LED、按键、继电器。

首先，根据项目要求，分别实现各模块的基本功能，如设置及读取 DS1302、读取 DS18B20

的温度、数码管显示、LED 控制、按键识别、继电器控制；然后根据项目要求完善程序逻辑，实现要求的功能。

在本项目中，使用官方提供的 3 个驱动代码文件，分别是 ds1302.c、iic.c 和 onewire.c，将这 3 个文件添加到工程中，并自定义各自的头文件，头文件主要包含函数及变量的声明，以及与 CT107D 开发平台适配的引脚定义。

本项目的实现思路是，首先对 CT107D 平台进行初始化配置，关闭蜂鸣器、继电器及 LED1～LED8；然后初始化 DS1302，设置初始时间。另外，本项目还需要用到定时器，因此这里对定时器进行了初始化配置。配置完成后，在主循环中，主要是按键扫描及逻辑控制、数码管显示数据更新及逻辑控制、LED 逻辑控制。

18.2.2 参考代码分析

main.c 文件中的代码分析如下。

（1）头文件的引用：

```
#include <stc15.h>
#include "iic.h"
#include "onewire.h"
#include "ds1302.h"
```

（2）变量定义：

```
unsigned char SEG_CODE[17]
={0XC0,0XF9,0XA4,0XB0,0X99,0X92,0X82,0XF8,0X80,0X90,0X88,0X83,0XC6,0XA1,0X86,0X8E,
0XBF};
unsigned char seg_pos = 0;
unsigned char seg_dat[8] = {0XFF,0XFF,0XFF,0XFF,0XFF,0XFF,0XFF,0XFF};
unsigned int Seg_slow_down = 0;
unsigned char ucLed = 0X00;
unsigned int Led_slow_down = 0;
unsigned char DS1302_init_Data[7] = {0X34,0X59,0X23,0X30,0X11,0X03,0X22};
unsigned char DS1302_Buf[7];
unsigned char DS1302_Write_ADDR[7] = {0X80,0X82,0X84,0X86,0X88,0X8A,0X8C};
unsigned char DS1302_Read_ADDR[7] = {0X81,0X83,0X85,0X87,0X89,0X8B,0X8D};
unsigned int temperature = 0;
unsigned char jiemian = 0;
unsigned char system_mode = 0;
unsigned char Temp_compare = 23;
unsigned char time_displaymode = 0 ;
unsigned int Key_slow_down = 0;
unsigned char relay_flag;
unsigned long relay_ms_tick = 0;
unsigned long led_ms_tick = 0;
unsigned long ms_tick = 0;
unsigned int Data_slow_down =0;
```

数组 SEG_CODE 存放的是 0～9、A～F、-共计 17 个数码管的段码值。

变量 seg_pos 是定时器中断处理中刷新数码管的指示位，其范围是 1～8。

seg_dat 数组中的元素对应 8 个数码管的段码值。

Seg_slow_down 是数码管段码值及逻辑控制的减速变量。

ucLed 是 LED1～LED8 的控制位，该变量的相应位置 1，对应的 LED 点亮。

Led_slow_down 是 LED 控制的减速变量。

DS1302_init_Data 数组存放的是 DS1302 的初值。

DS1302_Buf 数组用于存放读取的日历时钟数据。

DS1302_Write_ADDR 数组存放的是 DS1302 各寄存器的写地址。

DS1302_Read_ADDR 数组存放的是 DS1302 各寄存器的读地址。

temperature 用于存放温度数据。

jiemian 变量指示显示的界面：0 为温度显示界面、1 为时间显示界面、2 为参数设置界面。

system_mode 变量指示系统工作模式：0 为温度工作模式，1 为时间工作模式。

Temp_compare 为温度参数。

time_displaymode 为时间显示设置变量：0 为分、秒显示，1 为时、分显示。

Key_slow_down 是按键控制的减速变量。

relay_flag 变量指示继电器的工作状态：0 为继电器关闭，1 为继电器闭合。

relay_ms_tick 用来对继电器工作时间进行计时控制。

led_ms_tick 用来对 LED 工作时间进行计时控制。

ms_tick 是计时变量。

（3）函数声明：

```
void Seg_Proc(void);
void Seg_DisplayBit(unsigned char pos,unsigned char dat);
void Key_Proc(void);
void Led_Proc(void);
void Led_Disp(unsigned char ucLed);
unsigned char Key_Read(void);
void HC138_select(unsigned char pos);
void DS1302_Init(void);
void Read_DS1302_Time(void);
void Cal_temperature_ds18b20(void);
void Init_All(void);
void Timer0_Init(void);
```

（4）按键扫描：

```
unsigned char Key_Read(void)
{
    unsigned int key_new;
    unsigned char key_value;

    P44 = 0; P42 = 1; P35 = 1; P34 = 1;
    key_new = P3&0X0F;
    P44 = 1; P42 = 0; P35 = 1; P34 = 1;
    key_new =(key_new<<4)|(P3&0X0F);
    P44 = 1; P42 = 1; P35 = 0; P34 = 1;
    key_new =(key_new<<4)|(P3&0X0F);
    P44 = 1; P42 = 1; P35 = 1; P34 = 0;
    key_new =(key_new<<4)|(P3&0X0F);

    switch(~key_new)
    {
```

```
        case 0X8000: key_value = 4; break;
        case 0X4000: key_value = 5; break;
        case 0X2000: key_value = 6; break;
        case 0X1000: key_value = 7; break;
        case 0X0800: key_value = 8; break;
        case 0X0400: key_value = 9; break;
        case 0X0200: key_value = 10; break;
        case 0X0100: key_value = 11; break;
        case 0X0080: key_value = 12; break;
        case 0X0040: key_value = 13; break;
        case 0X0020: key_value = 14; break;
        case 0X0010: key_value = 15; break;
        case 0X0008: key_value = 16; break;
        case 0X0004: key_value = 17; break;
        case 0X0002: key_value = 18; break;
        case 0X0001: key_value = 19; break;
        default: key_value = 0;
    }
    return key_value;
}

void Key_Proc(void)
{
    static unsigned char key_old;
    unsigned char key_down,key_val;
    if(Key_slow_down) return;
       Key_slow_down = 1;
    key_val = Key_Read();
    key_down = key_val & (key_old^key_val);
    key_old = key_val;

    switch(key_down)
    {
        case 12:
            if(++jiemian == 3)
                jiemian = 0;
            break;
        case 13:
            system_mode ^= 1;
            P0 = 0;
            HC138_select(5);
            HC138_select(0);
            relay_flag = 0;
            break;
    }
    if(jiemian==2)
    {
        switch(key_down)
        {
            case 16:
                if(++Temp_compare==100)
                    Temp_compare = 99;
```

```
                break;
            case 17:
                if(--Temp_compare==9)
                    Temp_compare = 10;
                break;
        }
    }
    if(jiemian == 1)
    {
        if(key_old ==17)
            time_displaymode = 1;
        else if(key_old ==0)
            time_displaymode = 0;
    }
}
```

在上面的代码中，有 3 行代码如下：

```
    key_val = Key_Read();
    key_down = key_val & (key_old^key_val);
    key_old = key_val;
```

第 1 行就是指读取高低电平状态，高电平是未按下，低电平是按下。这一行只能说明是其中的一种状态，如果是最基本的按下触发，则状态值是不可以使用的，因为一次按键按下至少维持几十毫秒，在这几十毫秒中，程序会不止一次获取状态值，那么通过按键执行的任务就会多次执行。所以仅仅读取电平状态是不可行的，那么，如何做到按键一次按下，只执行一次呢？我们想到读取跳变沿（上升沿或下降沿），官方给出的是读取下降沿。为此引入第 2 行代码，在讲解第 2 行代码前，先说一下第 3 行代码。

为了运用代码得到跳变沿，即需要得到上一次的电平状态，并与这一次的电平状态经过逻辑运算得到。第 3 行代码就是为了得到上一次的电平状态。

第 2 行代码既要获得下降沿又要获得按键键值，即确定是哪个按键发送下降沿。

key_val^key_old 将上一次的电平状态与当前的电平状态按位异或，可以检测出跳变沿，没有跳变沿为 0，有跳变沿为当前跳变沿的键值。

当然，仅仅一个按位异或是不够的，还需要进行按位与操作，用以区分上升沿或下降沿。

如果检测下降沿，则按键上一次状态为抬起，键值为 0；而瞬时状态为按下，键值为 x。(key_old^key_val)为 x，x 与上 x，结果仍然为 x，得到键值。

如果检测上升沿，则按键上一次状态为按下，键值为 x；而瞬时状态为抬起，键值为 0。(key_old^key_val)为 x。因为瞬时键值为 0，所以通过取反来获得键值。

（5）数码管和继电器控制：

```
void Seg_Proc(void)
{
    if(Seg_slow_down) return;
    Seg_slow_down = 1;
    Cal_temperature_ds18b20();//计算温度
    Read_DS1302_Time();//获取时间

    if(jiemian == 0)
    {
        seg_dat[0]=0XC1;
```

```
        seg_dat[1]=SEG_CODE[1];
        seg_dat[2]=0XFF;
        seg_dat[3]=0XFF;
        seg_dat[4]=0XFF;
        seg_dat[5]=SEG_CODE[temperature/100];
        seg_dat[6]=SEG_CODE[(temperature/10)%10] & 0X7F;
        seg_dat[7]=SEG_CODE[temperature%10];
    }
    else if(jiemian == 1)
    {
        if(time_displaymode == 0)
        {
          seg_dat[0]=0XC1;
          seg_dat[1]=SEG_CODE[2];
          seg_dat[2]=0XFF;
          seg_dat[3]=SEG_CODE[DS1302_Buf[2]/16];
          seg_dat[4]=SEG_CODE[DS1302_Buf[2]%16];
          seg_dat[5]=SEG_CODE[16];
          seg_dat[6]=SEG_CODE[DS1302_Buf[1]/16];
          seg_dat[7]=SEG_CODE[DS1302_Buf[1]%16];
        }
        else
        {
          seg_dat[0]=0XC1;
          seg_dat[1]=SEG_CODE[2];
          seg_dat[2]=0XFF;
          seg_dat[3]=SEG_CODE[DS1302_Buf[1]/16];
          seg_dat[4]=SEG_CODE[DS1302_Buf[1]%16];
          seg_dat[5]=SEG_CODE[16];
          seg_dat[6]=SEG_CODE[DS1302_Buf[0]/16];
          seg_dat[7]=SEG_CODE[DS1302_Buf[0]%16];
        }
    }
    else if(jiemian == 2)
    {
        seg_dat[0]=0XC1;
        seg_dat[1]=SEG_CODE[3];
        seg_dat[2]=0XFF;
        seg_dat[3]=0XFF;
        seg_dat[4]=0XFF;
        seg_dat[5]=0XFF;
        seg_dat[6]=SEG_CODE[Temp_compare/10];
        seg_dat[7]=SEG_CODE[Temp_compare%10];
    }

    if(system_mode == 0)
    {
        if(temperature > (unsigned int)(Temp_compare*10))
        {
            P0 = 0X10;
            HC138_select(5);
            HC138_select(0);
```

```
            relay_flag= 1;
        }
        else
        {
            P0 =0X00;
            HC138_select(5);
            HC138_select(0);
            relay_flag= 0;
        }
    }
    else
    {
        if((DS1302_Buf[1] == 0)&&(DS1302_Buf[0] == 0))
        {
            P0 =0X10;
            HC138_select(5);
            HC138_select(0);
            relay_flag= 1;
            relay_ms_tick = ms_tick;
        }
        if((ms_tick - relay_ms_tick) >= 5000)
        {
            P0 =0X00;
            HC138_select(5);
            HC138_select(0);
            relay_flag= 0;
        }
    }
}
```

该部分代码首先计算 DS18B20 内的温度值、读取 DS1302 中的时间；然后根据 jiemian、time_displaymode 变量的数值选择显示界面，进而对 seg_dat 数组进行赋值。同时，根据 system_mode 变量的数值确定系统的工作模式，并根据不同的工作模式选择不同的继电器控制逻辑。

（6）LED 显示：

```
void Led_Proc(void)
{
    if(Led_slow_down) return;
        Led_slow_down = 1;
    if((DS1302_Buf[1] == 0)&&(DS1302_Buf[0] == 0))
    {
        ucLed |= 0X01;//LED1 点亮
        led_ms_tick = ms_tick;
    }
    if((ms_tick - led_ms_tick) >= 5000)
        ucLed &= (~0X01);//LED1 熄灭
    if(system_mode == 0)//温度模式
        ucLed |= 0X02;//LED2 点亮
    else
        ucLed &= (~0X02);//LED2 熄灭
    if(relay_flag== 1)
```

```
        ucLed ^= 0X04;
    else
        ucLed &= (~0X04);//LED3 熄灭
}
```

该部分代码用于 LED 的逻辑控制。

（7）定时器中断：

```
void Timer0_Isr(void) interrupt 1
{
    ms_tick++;
    if(++Key_slow_down == 10)
        Key_slow_down = 0;
    if(++Led_slow_down == 100)
        Led_slow_down = 0;
    if(++Seg_slow_down == 100)
        Seg_slow_down = 0;
    seg_pos++;
    Seg_DisplayBit(seg_pos,seg_dat[seg_pos-1]);
    if(seg_pos == 8)
    {
        seg_pos = 0;
    }
    Led_Disp(ucLed);
}
```

该部分代码主要用于数码管的刷新、LED 的控制，以及 ms_tick 变量的计时。

18.3　本例代码

main.c 文件中的代码如下：

```
#include <stc15.h>
#include "iic.h"
#include "onewire.h"
#include "ds1302.h"

unsigned char SEG_CODE[17]
={0XC0,0XF9,0XA4,0XB0,0X99,0X92,0X82,0XF8,0X80,0X90,0X88,0X83,0XC6,0XA1,0X86,0X8E,
0XBF};
unsigned char seg_pos = 0;
unsigned char seg_dat[8] = {0XFF,0XFF,0XFF,0XFF,0XFF,0XFF,0XFF,0XFF};
unsigned int Seg_slow_down = 0;
unsigned char ucLed = 0X00;
unsigned int Led_slow_down = 0;
unsigned char DS1302_init_Data[7] = {0X34,0X59,0X23,0X30,0X11,0X03,0X22};
unsigned char DS1302_Buf[7];
unsigned char DS1302_Write_ADDR[7] = {0X80,0X82,0X84,0X86,0X88,0X8A,0X8C};
unsigned char DS1302_Read_ADDR[7] = {0X81,0X83,0X85,0X87,0X89,0X8B,0X8D};

unsigned int temperature = 0;
```

```
unsigned char jiemian = 0;
unsigned char system_mode = 0;
unsigned char Temp_compare = 23;
unsigned char time_displaymode = 0 ;

unsigned int Key_slow_down = 0;

unsigned char relay_flag;
unsigned long relay_ms_tick = 0;
unsigned long led_ms_tick = 0;
unsigned long ms_tick = 0;

void Seg_Proc(void);
void Seg_DisplayBit(unsigned char pos,unsigned char dat);
void Key_Proc(void);
void Led_Proc(void);
void Led_Disp(unsigned char ucLed);
unsigned char Key_Read(void);
void HC138_select(unsigned char pos);
void DS1302_Init(void);
void Read_DS1302_Time(void);
void Cal_temperature_ds18b20(void);
void Init_All(void);
void Timer0_Init(void);

void main(void)
{
    Init_All();
    DS1302_Init();
    Timer0_Init();

    while(1)
    {
       Key_Proc();
       Seg_Proc();
       Led_Proc();
    }
}
void HC138_select(unsigned char pos)
{
    switch(pos)
    {
        case 4:
            P2 = (P2&0X1F)|0X80;
            break;
        case 5:
            P2 = (P2&0X1F)|0XA0;
            break;
        case 6:
            P2 = (P2&0X1F)|0XC0;
            break;
        case 7:
```

```
            P2 = (P2&0X1F)|0XE0;
            break;
        default:
            P2 = (P2&0X1F);
        break;
    }
}

unsigned char Key_Read(void)
{
    unsigned int key_new;
    unsigned char key_value;
    P44 = 0; P42 = 1; P35 = 1; P34 = 1;
    key_new = P3&0X0F;
    P44 = 1; P42 = 0; P35 = 1; P34 = 1;
    key_new =(key_new<<4)|(P3&0X0F);
    P44 = 1; P42 = 1; P35 = 0; P34 = 1;
    key_new =(key_new<<4)|(P3&0X0F);
    P44 = 1; P42 = 1; P35 = 1; P34 = 0;
    key_new =(key_new<<4)|(P3&0X0F);
    switch(~key_new)
    {
        case 0X8000: key_value = 4; break;
        case 0X4000: key_value = 5; break;
        case 0X2000: key_value = 6; break;
        case 0X1000: key_value = 7; break;
        case 0X0800: key_value = 8; break;
        case 0X0400: key_value = 9; break;
        case 0X0200: key_value = 10; break;
        case 0X0100: key_value = 11; break;
        case 0X0080: key_value = 12; break;
        case 0X0040: key_value = 13; break;
        case 0X0020: key_value = 14; break;
        case 0X0010: key_value = 15; break;
        case 0X0008: key_value = 16; break;
        case 0X0004: key_value = 17; break;
        case 0X0002: key_value = 18; break;
        case 0X0001: key_value = 19; break;
        default: key_value = 0;
    }
    return key_value;
}

void Key_Proc(void)
{
    static unsigned char key_old;
    unsigned char key_down,key_val;
    if(Key_slow_down) return;
    Key_slow_down = 1;
    key_val = Key_Read();
    key_down = key_val & (key_old^key_val);
    key_old = key_val;
```

```
    switch(key_down)
    {
        case 12:
            if(++jiemian == 3)
                jiemian = 0;
            break;
        case 13:
            system_mode ^= 1;
            P0 = 0;
            HC138_select(5);
            HC138_select(0);
            relay_flag = 0;
            break;
    }
    if(jiemian==2)
    {
        switch(key_down)
        {
            case 16:
                if(++Temp_compare==100)
                    Temp_compare = 99;
                break;
            case 17:
                if(--Temp_compare==9)
                    Temp_compare = 10;
                break;
        }
    }
    if(jiemian == 1)
    {
        if(key_old ==17)
            time_displaymode = 1;
        else if(key_old ==0)
            time_displaymode = 0;
    }
}
void Cal_temperature_ds18b20(void)
{
    unsigned char tempdata = 0;
    temperature = rd_temperature();
    if((temperature&0XF800)==0X0000)
    {
        tempdata = temperature&0X000F;
        temperature = temperature >>4;
        temperature = temperature*10;
        temperature = temperature + tempdata*0.0625*10;
    }
}
void Init_All(void)
{
    P0 = 0;
```

```
    HC138_select(5);
    HC138_select(0);
    P0 = 0XFF;
    HC138_select(4);
    HC138_select(0);
}

void DS1302_Init(void)
{
    unsigned char i;
    Write_Ds1302_Byte(0X8E,0X00);
    for(i=0;i<7;i++)
    {
        Write_Ds1302_Byte(DS1302_Write_ADDR[i],DS1302_init_Data[i]);
    }
    Write_Ds1302_Byte(0X8E,0X80);
}

void Read_DS1302_Time(void)
{
    unsigned char i;
    for(i=0;i<7;i++)
    {
        DS1302_Buf[i] = Read_Ds1302_Byte(DS1302_Read_ADDR[i]);
    }
}

void Seg_Proc(void)
{
    if(Seg_slow_down) return;
    Seg_slow_down = 1;

    Cal_temperature_ds18b20();
    Read_DS1302_Time();
    if(jiemian == 0)
    {
        seg_dat[0]=0XC1;
        seg_dat[1]=SEG_CODE[1];
        seg_dat[2]=0XFF;
        seg_dat[3]=0XFF;
        seg_dat[4]=0XFF;
        seg_dat[5]=SEG_CODE[temperature/100];
        seg_dat[6]=SEG_CODE[(temperature/10)%10] & 0X7F;
        seg_dat[7]=SEG_CODE[temperature%10];
    }
    else if(jiemian == 1)
    {
        if(time_displaymode == 0)
        {
            seg_dat[0]=0XC1;
            seg_dat[1]=SEG_CODE[2];
            seg_dat[2]=0XFF;
```

```
        seg_dat[3]=SEG_CODE[DS1302_Buf[2]/16];
        seg_dat[4]=SEG_CODE[DS1302_Buf[2]%16];
        seg_dat[5]=SEG_CODE[16];
        seg_dat[6]=SEG_CODE[DS1302_Buf[1]/16];
        seg_dat[7]=SEG_CODE[DS1302_Buf[1]%16];
    }
    else
    {
        seg_dat[0]=0XC1;
        seg_dat[1]=SEG_CODE[2];
        seg_dat[2]=0XFF;
        seg_dat[3]=SEG_CODE[DS1302_Buf[1]/16];
        seg_dat[4]=SEG_CODE[DS1302_Buf[1]%16];
        seg_dat[5]=SEG_CODE[16];
        seg_dat[6]=SEG_CODE[DS1302_Buf[0]/16];
        seg_dat[7]=SEG_CODE[DS1302_Buf[0]%16];
    }
}
else if(jiemian == 2)
{
    seg_dat[0]=0XC1;
    seg_dat[1]=SEG_CODE[3];
    seg_dat[2]=0XFF;
    seg_dat[3]=0XFF;
    seg_dat[4]=0XFF;
    seg_dat[5]=0XFF;
    seg_dat[6]=SEG_CODE[Temp_compare/10];
    seg_dat[7]=SEG_CODE[Temp_compare%10];
}
if(system_mode == 0)
{
    if(temperature > (unsigned int)(Temp_compare*10))
    {
        P0 = 0X10;
        HC138_select(5);
        HC138_select(0);
        relay_flag= 1;
    }
    else
    {
        P0 =0X00;
        HC138_select(5);
        HC138_select(0);
        relay_flag= 0;
    }
}
else
{
    if((DS1302_Buf[1] == 0)&&(DS1302_Buf[0] == 0))
    {
        P0 =0X10;
        HC138_select(5);
```

```
            HC138_select(0);
            relay_flag= 1;
            relay_ms_tick = ms_tick;
        }
        if((ms_tick - relay_ms_tick) >= 5000)
        {
            P0 =0X00;
            HC138_select(5);
            HC138_select(0);
            relay_flag= 0;
        }
    }
}

void Seg_DisplayBit(unsigned char pos,unsigned char dat)
{
        P0 = 0XFF;
        HC138_select(7);
        HC138_select(0);
        P0 = 0X01<<(pos-1);
        HC138_select(6);
        HC138_select(0);
        P0 = dat;
        HC138_select(7);
        HC138_select(0);
}

void Timer0_Isr(void) interrupt 1
{
    ms_tick++;
    if(++Key_slow_down == 10)
        Key_slow_down = 0;
    if(++Led_slow_down == 100)
        Led_slow_down = 0;
    if(++Seg_slow_down == 100)
        Seg_slow_down = 0;
    seg_pos++;
    Seg_DisplayBit(seg_pos,seg_dat[seg_pos-1]);
    if(seg_pos == 8)
    {
        seg_pos = 0;
    }
        Led_Disp(ucLed);
}

void Timer0_Init(void)
{
    AUXR &= 0X7F;
    TMOD &= 0XF0;
    TL0 = 0X18;
    TH0 = 0XFC;
    TF0 = 0;
```

```
    TR0 = 1;
    ET0 = 1;
    EA = 1;
}

void Led_Proc(void)
{
    if(Led_slow_down) return;
    Led_slow_down = 1;

    if((DS1302_Buf[1] == 0)&&(DS1302_Buf[0] == 0))
    {
        ucLed |= 0X01;//LED1 点亮
       led_ms_tick = ms_tick;
    }
    if((ms_tick - led_ms_tick) >= 5000)
        ucLed &= (~0X01);//LED1 熄灭
    if(system_mode == 0)
        ucLed |= 0X02;//LED2 点亮
    else//
        ucLed &= (~0X02);//LED2 熄灭
    if(relay_flag== 1)
        ucLed ^= 0X04;
    else
        ucLed &= (~0X04);//LED3 熄灭
}

void Led_Disp(unsigned char ucLed)
{
    P0 = ~ucLed;
    HC138_select(4);
    HC138_select(0);
}
```

iic.h 文件中的代码如下：

```
#ifndef _IIC_H
#define _IIC_H

void IIC_Start(void);
void IIC_Stop(void);
bit IIC_WaitAck(void);
void IIC_SendAck(bit ackbit);
void IIC_SendByte(unsigned char byt);
unsigned char IIC_RecByte(void);

#endif
```

iic.c 文件中的代码如下：

```
#include <stc15.h>
#include "intrins.h"

#define DELAY_TIME 5
```

```
#define SlaveAddrW 0XA0
#define SlaveAddrR 0XA1

sbit SDA = P2^1;
sbit SCL = P2^0;
void IIC_Delay(unsigned char i)
{
    do{_nop_();}
    while(i--);
}

void IIC_Start(void)
{
    SDA = 1;
    SCL = 1;
    IIC_Delay(DELAY_TIME);
    SDA = 0;
    IIC_Delay(DELAY_TIME);
    SCL = 0;
}

void IIC_Stop(void)
{
    SDA = 0;
    SCL = 1;
    IIC_Delay(DELAY_TIME);
    SDA = 1;
    IIC_Delay(DELAY_TIME);
}

void IIC_SendAck(bit ackbit)
{
    SCL = 0;
    SDA = ackbit;
    IIC_Delay(DELAY_TIME);
    SCL = 1;
    IIC_Delay(DELAY_TIME);
    SCL = 0;
    SDA = 1;
    IIC_Delay(DELAY_TIME);
}

bit IIC_WaitAck(void)
{
    bit ackbit;

    SCL  = 1;
    IIC_Delay(DELAY_TIME);
    ackbit = SDA;
    SCL = 0;
    IIC_Delay(DELAY_TIME);
    return ackbit;
```

```
}

void IIC_SendByte(unsigned char byt)
{
    unsigned char i;
    EA = 0;
    for(i=0; i<8; i++)
    {
        SCL  = 0;
        IIC_Delay(DELAY_TIME);
        if(byt & 0X80) SDA  = 1;
        else SDA  = 0;
        IIC_Delay(DELAY_TIME);
        SCL = 1;
        byt <<= 1;
        IIC_Delay(DELAY_TIME);
    }
    EA = 1;
    SCL  = 0;
}

unsigned char IIC_RecByte(void)
{
    unsigned char i, da;
     EA = 0;
    for(i=0; i<8; i++)
    {
     SCL = 1;
     IIC_Delay(DELAY_TIME);
     da <<= 1;
     if(SDA) da |= 1;
     SCL = 0;
     IIC_Delay(DELAY_TIME);
    }
    EA = 1;
    return da;
}
```

onewire.h 文件中的代码如下：

```
#ifndef __ONEWIRE_H
#define __ONEWIRE_H
#include <stc15.h>
sbit DQ = P1^4;
bit init_ds18b20(void);
unsigned int rd_temperature(void);
#endif
```

onewire.c 文件中的代码如下：

```
#include "onewire.h"
void Delay_OneWire(unsigned int t)
{
    unsigned char i;
```

```
    while(t--)
    {
        for(i=0;i<12;i++);
    }
}

void Write_DS18B20(unsigned char dat)
{
    unsigned char i;
    for(i=0;i<8;i++)
    {
        DQ = 0;
        DQ = dat&0X01;
        Delay_OneWire(5);
        DQ = 1;
        dat >>= 1;
    }
    Delay_OneWire(5);
}

unsigned char Read_DS18B20(void)
{
    unsigned char i;
    unsigned char dat;

    for(i=0;i<8;i++)
    {
        DQ = 0;
        dat >>= 1;
        DQ = 1;
        if(DQ)
        {
            dat |= 0X80;
        }
        Delay_OneWire(5);
    }
    return dat;
}

bit init_ds18b20(void)
{
    bit initflag = 0;

    DQ = 1;
    Delay_OneWire(12);
    DQ = 0;
    Delay_OneWire(80);
    DQ = 1;
    Delay_OneWire(10);
    initflag = DQ;
    Delay_OneWire(5);
```

```
    return initflag;
}

unsigned int rd_temperature(void)
{
    unsigned char low,high;
    init_ds18b20();
    Write_DS18B20(0XCC);
    Write_DS18B20(0X44);
    init_ds18b20();
    Write_DS18B20(0XCC);
    Write_DS18B20(0XBE);
    low = Read_DS18B20();
    high = Read_DS18B20();
    return (high<<8)+low;
}
```

ds1302.h 文件中的代码如下：

```
#ifndef __DS1302_H
#define __DS1302_H
#include <stc15.h>
#include <intrins.h>
sbit SCK = P1^7;
sbit SDA = P2^3;
sbit RST = P1^3;
void Write_Ds1302(unsigned char temp);
void Write_Ds1302_Byte( unsigned char address,unsigned char dat );
unsigned char Read_Ds1302_Byte( unsigned char address );
#endif
```

ds1302.c 文件中的代码如下：

```
#include "ds1302.h"
void Write_Ds1302(unsigned  char temp)
{
    unsigned char i;
    for (i=0;i<8;i++)
    {
        SCK = 0;
        SDA = temp&0X01;
        temp>>=1;
        SCK=1;
    }
}
void Write_Ds1302_Byte( unsigned char address,unsigned char dat )
{
    RST=0;   _nop_();
    SCK=0;   _nop_();
    RST=1;   _nop_();
    Write_Ds1302(address);
    Write_Ds1302(dat);
    RST=0;
}
```

```
unsigned char Read_Ds1302_Byte ( unsigned char address )
{
    unsigned char i,temp=0X00;
    RST=0;   _nop_();
    SCK=0;   _nop_();
    RST=1;   _nop_();
    Write_Ds1302(address);
    for (i=0;i<8;i++)
    {
        SCK=0;
        temp>>=1;
        if(SDA)
        temp|=0X80;
        SCK=1;
    }
    RST=0;   _nop_();
    SCK=0;   _nop_();
    SCK=1;   _nop_();
    SDA=0;   _nop_();
    SDA=1;   _nop_();
    return (temp);
}
```

参考文献

[1] 周小方，陈育群. STC15 单片机 C 语言项目开发[M]. 北京：清华大学出版社，2021.

[2] 杨铁璐，刘强. STC 单片机基础及应用（C51 版）[M]. 北京：中国石化出版社，2016.

[3] 徐爱钧. STC15 增强型 8051 单片机 C 语言编程与应用[M]. 北京：电子工业出版社，2014.

[4] 李志远，刘小平，张南宾，等. 边练边学 51 单片机[M]. 北京：北京航空航天大学出版社，2016.

反侵权盗版声明

举报电话：（010）88254396；（010）88258888

传　　真：（010）88254397

E-mail：dbqq@phei.com.cn

通信地址：北京市万寿路 173 信箱

电子工业出版社总编办公室

邮　　编：100036